观光采摘园
特色果树栽培与管理

GUANGUANG CAIZHAIYUAN TESE GUOSHU ZAIPEI YU GUANLI

郭俊英　主编

中国科学技术出版社
·北　京·

图书在版编目（CIP）数据

观光采摘园特色果树栽培与管理 / 郭俊英主编 . —北京：
中国科学技术出版社，2019.3

ISBN 978-7-5046-7925-3

Ⅰ. ①观… Ⅱ. ①郭… Ⅲ. ①果树园艺 Ⅳ. ① S66

中国版本图书馆 CIP 数据核字（2018）第 294062 号

策划编辑	刘　聪	
责任编辑	刘　聪	
装帧设计	中文天地	
责任校对	焦　宁	
责任印制	徐　飞	

出　　版	中国科学技术出版社	
发　　行	中国科学技术出版社发行部	
地　　址	北京市海淀区中关村南大街16号	
邮　　编	100081	
发行电话	010-62173865	
传　　真	010-62173081	
网　　址	http://www.cspbooks.com.cn	

开　　本	889mm×1194mm　1/32	
字　　数	202千字	
印　　张	7.75	
版　　次	2019年3月第1版	
印　　次	2019年3月第1次印刷	
印　　刷	北京长宁印刷有限公司	
书　　号	ISBN 978-7-5046-7925-3 / S・747	
定　　价	32.00元	

编辑委员会

主 编
郭俊英

副 主 编
顾　红　马贯羊　罗俊霞

参编人员
郭俊英　顾　红　马贯羊　罗俊霞
辛长永　周厚成　冯义彬　牛　良
薛华柏　高　磊　高　杨　魏翠果
程　斌　孟国良　田莉莉　李　刚
刘丽锋　王凤芝　郭西智

$\mathcal{P}$*reface* 前 言

　　旅游是一种很好的体验活动，随着生活水平的日益提高，人们越发渴望在生活休闲中获得身心的互动，回归自然、返璞归真成为人们向往的一种时尚。据统计，2015 年我国休闲农业和乡村旅游等经营主体接待游客超过 22 亿人次，营业收入超过 4 400 亿元。"十二五"期间，游客接待数和营业收入年均增速均超 10%，整个产业呈现出"发展加快、布局优化、质量提升、领域拓展"的特点，成为经济社会发展的新业态、新亮点。

　　观光采摘园是可以满足人们身心互动的一种新型旅游景区。它是集农业生产、生活和生态为一体，通过科学设计农业自然环境和经营活动等，实现田园之乐的观光休闲旅游场所。同时，观光采摘园注重开发多种展现游客个性的体验活动，满足人们的情感需求和精神享受，它将园林景观、果园生产和采摘、旅游等有机地结合在一起，是经济效益、生态效益和社会效益相结合的综合产物。

　　生态型、科普型、休闲型旅游观光采摘园的出现在客观上促进了旅游业和服务业的发展，加快了农村由传统的小农户农业经营模式向现代规模化农业经营模式的转变，逐步从单一瓜果蔬菜生产模式转为综合开发、多元经营的模式。采摘园融合了观光旅游和农产品的生产、销售、加工等多项功能，把观光和采摘纳入了农产品增值服务范畴，使旅游成为农民增产创收的重要手段。农业与旅游业的对接，改变了传统农业的单一经营模式，找到了农业可持续发展的新途径，有助于实现农业与旅游业的双赢；有利于农业结构的调整、旅游新产品的开发和相关产业的联动发展；为农村剩余劳动力提供了新的就业机会，缓解因人多地少、劳动力过剩带来的种种矛盾，能有效地促进农村经济快速发展。

党的十九大报告指出：实施乡村振兴战略，包括坚持农业农村优先发展，巩固和完善农村基本经营制度，保持土地承包关系稳定并长久不变，深化农村集体产权制度改革，确保国家粮食安全，构建现代农业产业体系、生产体系、经营体系等各个方面和层次的部署。观光采摘园的兴起和发展不仅符合十九大报告中有关的乡村振兴战略精神，而且顺应了现阶段市场快速发展的需要。因此，未来的休闲农业和乡村旅游业还将呈现出爆发式增长态势，而农业观光采摘园将成为其中的一个重要亮点。

观光采摘园是近些年发展起来的一个朝阳产业，它具有旺盛的生命力和可持续性的创新力，正因如此，也使得它的发展具备了无限的可能。

本书针对我国观光采摘园的发展趋势和现代消费群体的消费特点，推荐了适合观光采摘的特色果树树种、品种及其生产栽培和管理技术。期望能给从事或将要从事农业观光采摘园的种植者提供技术参考，旨在为我国休闲农业的壮大和发展贡献一份力量。

本书邀请了相关专家学者参与编写，同时还参考和引用了国内外相关研究领域的专著、学术论文和科研成果（由于文献多，篇幅所限，除书中和参考文献中注明外，未一一列述），在此谨向他们表示诚挚的感谢！由于编者水平有限，书中内容有疏漏和不妥之处，恳请同行和读者不吝赐教。

编　者

Contents 目 录

第一章
果　桑

一、优良采摘品种

（一）紫魅1号

由中国农业科学院郑州果树研究所选育而成的鲜食加工兼用品种，2018年通过河南省林木品种审定委员会审定。

该品种树势健壮，树姿较开张，发枝条数较多，易弯曲，皮灰褐色，节间直，中等长度。叶片中等大小，卵圆形，深绿色。开雌花，花芽率95%以上，单芽着果数5~6个。该品种成熟果紫黑色，鲜亮有光泽；圆筒形，果长2.5~3.8厘米，果径1.2~1.52厘米；单果重3~4.5克；果实有少量种子，汁多，果味浓香，酸甜适口，含可溶性总糖5.02%、还原糖4.4%。鲜果可直接食用，也可加工成果汁和果脯等。

郑州地区，该品种于3月底至4月初发芽，果熟期为5月上旬至6月上旬，果期20~30天，每亩约产鲜果2000千克、桑叶1500千克。耐寒性较强，亩栽280~333株。

（二）中葚2号

由中国农业科学院郑州果树研究所筛选出的鲜食晚熟品种，2017年定为优系。

该品种树势健壮，树姿较直立，分枝能力一般，枝条粗壮较一致，易弯曲，皮灰褐色，节间直、短。叶片卵圆形，叶面微糙且皱，深绿色。开雌花，花芽率95%以上，单芽着果数6～7个。该品系成熟果紫黑色，鲜亮有光泽；圆筒形，果长3.2～4.5厘米，果径1.2～1.52厘米；单果重3～4.5克；果实有种子，较少，汁多，果味浓香，酸甜适口，含可溶性总糖9.16%、还原糖7.1%。鲜果除了直接食用外，还可以加工成罐头、果汁、果酒、蜜膏等产品。

郑州地区，该品种于3月底至4月初发芽，果熟期为5月中旬至6月中旬，果期20～30天，每亩约产鲜果1 500千克、桑叶1 500千克。耐寒性较强，亩栽280～333株。

（三）无籽大十

由广东省农业科学院蚕业与农产品加工研究所选育的优良果桑鲜食品种，天然三倍体，果实无籽，是目前我国南北方广泛栽培的优良鲜食早熟品种。

该品种树形开张，发枝条数一般，枝条粗细不一，易弯曲，侧枝较多，皮灰色，节间较直。叶片卵圆形，较大，叶面微糙无皱，深绿色。开雌花，花芽率98%以上，单芽着果数5～6个。该品种成熟果紫黑色，圆筒形，果长3～4.1厘米，果径1.3～1.5厘米；单果重3～4克，最大果重8.2克；汁多无籽，果味香甜味浓，非常可口，含可溶性总糖7.44%、还原糖5.8%。鲜果除了直接食用外，还可以加工成罐头、果汁、果酒、蜜膏等产品。

郑州地区，该品种于3月底至4月初发芽，果熟期为5月上中旬至6月初，比一般品种早熟7～10天，果期20天左右，每亩约产鲜果1 500千克、桑叶1 500千克。耐寒性差，宜在冬季≥-10℃的地区栽植，亩栽280～333株。

（四）红果 1 号

由西北农林科技大学蚕桑丝绸研究所选育的优良鲜食加工兼用品种。

该品种树形紧凑，发枝条数多，枝条粗壮且直，皮灰褐色，节间直、密。叶片长心脏形，大小中等，叶色深绿。开雌花，花芽率 98.9%，坐果率 84.2%，单芽果数 5～8 个，且果穗集中。该品种成熟果紫黑色，光泽度稍暗，果实种子较少；果形长筒状，果长 2.5～3 厘米，果径 1.3 厘米，平均单果重 2.8 克，最大果重 6.8 克，每枝条平均产果量 252 克；果肉柔软，味酸甜；每 100 克鲜果含维生素 C 47.68 毫克、还原糖 12.3%；果汁率 64%，果汁砖红色。

该品种于 3 月中下旬发芽，果熟期为 5 月中旬，果期 20 天左右。栽植第三年每亩产鲜果 500～1 000 千克，第四年达到 1 500～2 000 千克，盛产期 2 000 千克以上。耐寒耐旱，适合黄河以北地区栽植，亩栽 300～350 株。

（五）红果 2 号

由西北农林科技大学蚕桑丝绸研究所育成的优良鲜食加工兼用品种。

该品种树型直立紧凑，发枝数较多，枝条细直且长，皮青褐色，节间微曲。叶片心脏形。开雌花，花芽率 98%，单芽着果数 6～7 个。成熟果紫黑色，果长 3～3.5 厘米，果径 1.3 厘米，长筒形；单果重 2.8～3.5 克，最大果重 8 克，有种子；果味酸甜可口，果汁鲜艳，果实含总糖 14.87%、总酸 1.29%；较耐贮运。

该品种于 3 月中下旬发芽，果熟期为 5 月中下旬，果期 25 天左右，每亩产鲜果 1 500～2 000 千克。适应性好，抗寒耐旱性较强，可在北京及以南的广大地区栽植，亩栽 300～380 株。

（六）白 玉 王

由西北农林科技大学蚕丝绸研究所诱变育成的四倍体大果型优良白桑品种。

该品种树形较开张，发枝条数多，枝条短且直，皮褐色，芽尖离，副芽少。叶片心脏形，中等大小。开雌花，花芽率98%，单芽着果数5～7个。成熟果乳白带紫色，果长2.5～3厘米，果径1.5厘米，长筒形；单果重2.5～3克，最大果重6克，有种子；果实汁多，含糖量14%以上，甜味浓，无酸味，非常爽口。

该品种每年4月上旬发芽，果熟期为5月中下旬至6月中旬，果期20天左右，每亩产鲜果1 000～1 200千克、桑叶1 500千克左右。适应性强，抗旱耐寒。果实适合鲜食，也可加工，也有成熟后采前落果现象。亩栽300～380株。

（七）台湾长果桑

该品种引自台湾，是一种红色的长果桑珍稀资源，又名紫金蜜桑。因果实特长且含糖量高而别具特色。该品种树势健壮，幼树生长力强，抗病性好。叶片较大，深绿色。果实价值较高，果长8～12厘米，最长可达18厘米；单果重6克左右，果径1.2厘米左右；果实鲜艳多汁，蜜甜无酸味，口味极好，成熟果实颜色逐步加深至紫黑色，可溶性固形物含量达22%。成熟期30天左右。

该品种采前落果比较严重，不建议在采摘园中大面积栽培，可进行少量栽培，用于吸引游客眼球。因为其抗寒性较差，冬季易受冻害，所以建议在≥ –5℃的地区栽培或进行保护地栽培。

（八）白色长果桑

由中国农业科学院郑州果树研究所收集的珍稀白色长果桑资源。

该果桑幼树生长快，树势强健，进入结果期后，树势减缓，冠形中等。叶片卵圆形，中等大小，深绿色，叶尖尾状，叶基心形。芽体饱满，开雌花，花芽率98%以上，单芽着果数5～6个。果实特长，含糖量高。成熟桑果白色，果长4.5～6厘米，最长可达10厘米；单果重4克左右，果径0.8厘米左右；果实多汁，蜜甜带香味，可溶性固形物含量达25%。成熟期30天左右。该品种采前落果比较严重，不建议在采摘园中大面积栽培，可小面积栽培吸引游客眼球。

（九）龙　桑

龙桑是桑树的农家栽培种，具有较高的观赏价值。在我国南方和华北地区均有栽植，凡是桑树的分布区域，龙桑均有零星栽培。

该品种果实紫色，5～6月份成熟，果重2克左右，成熟果味甜，花单生，雌雄异株，花期为4月份。其枝形奇特，每一枝条均扭曲呈龙游状。龙桑树冠丰满，枝叶茂密，秋叶金黄，适生性强，容易管理，是城市绿化的先锋树种。在观光采摘果园、园林绿化中，均可进行成片、成行或单株栽植。

二、栽培管理

（一）栽前准备

1. 园地选择　桑树喜温、光、水、肥，可进行露地栽培或设施大棚栽培。用作设施大棚栽培果桑的地块应充分满足果桑生长发育的要求，有利于果实优质高产。园地地势最好平坦，背风向阳，光照充足，空气新鲜，土质疏松，有机质丰富，无重金属及农药污染，灌溉方便，交通便利。

2. 挖沟施肥　栽植前深挖定植沟并增施有机肥料，采用南北行向有利于通风透光。观光采摘园可采用宽行密植栽培，行距以2.5～3米为宜，沟深度和宽度宜60～80厘米。冬季建园一般于

12 月中旬以前挖好定植沟。挖沟时，把表土与心土分别堆放在沟两侧。将秸秆、落叶、杂草、河泥等有机物填放于沟底（20～30厘米），然后按每株至少施腐熟的人畜粪 15～20 千克的标准将粪与表土充分混合、拌匀。每亩施肥量为有机肥 4 000～5 000 千克，另施三元复合肥 75 千克，二者混合施入沟内，最后回填生土与沟面平。填满后浇一次"塌地水"，等待苗木定植。

3. 品种和苗木选择　根据当地气候或栽培模式选择适合当地的品种。在苗木选择上，一是要求品种纯正、苗木健壮；二是要求根系新鲜，比较完整；三是不使用混杂、过小、失水严重、霉变的桑苗。

（二）定植技术

1. 株行距　我国采摘园多采用的株行距为（1～1.2）米×（2～3）米，亩栽 186～333 株。定植前按照事先确定好的株行距，先测行线，再测株线，株、行线交叉点为定植点。行距大有利于采摘和机械化管理操作。

2. 栽植时期　果桑栽植通常在落叶后至翌年春发芽前进行。一般秋植好于春植，也有夏植或提早进行秋植的。春植在土壤解冻后至桑芽萌发前进行，越早越好，一般在 3 月上中旬栽植比较合适。夏植或秋植时，最好选择阴雨天带土移植苗木，并去掉部分桑叶，以减少水分蒸发，提高苗木成活率。

3. 苗木处理　在苗木距离地面以上 20 厘米处定干。剪除枯枝和受伤的部分根系，适度修剪长度 >30 厘米的根系，使根系整齐，长短适中。栽前根部最好蘸泥浆，同时在泥浆中配入杀菌剂和生根粉。

4. 栽植　按照品种合理搭配授粉树，然后按原定植点位置逐株进行栽植。提高成活率的秘诀是"干直根伸，浅栽踏实"。即栽植时，根据苗木大小，挖 0.3～0.5 米^3 的定植穴，将苗木根系放在定植点中心，栽时注意扶正苗木，使苗干与地面垂直，根部舒展。边埋土边向上提苗一次，栽后立即浇透水，根茎埋入土中的长度不能超过12厘米，最好是刚埋没嫁接部位。有条件的地方，可以在水下渗后，在树盘上封土并覆盖地膜保湿、提温，这样更有利于苗木成活。

5. 植后管理 栽后筑好畦沟，于一周后检查并浇水一次。植沟下陷的应加土填实，防止露根或积水。缺株及时补植。北方寒冷地区，冬前栽植的及栽植后生长一年的苗木，要对苗干埋土防冻。

苗木栽植当年的生长期要追肥。一般在疏芽后追施1次速效肥，以后再追施2～3次。幼树施肥量一般为丰产园的1/3左右，以后逐年增加。

（三）土肥水管理

1. 土壤 每年进行土壤翻耕2～3次，并及时清除园内杂草，防止杂草争夺果桑生长发育所需的养分和水分。

2. 施 肥

（1）施肥原则 果园施肥以有机肥为主，无机肥为辅，重施厩肥、堆肥、人粪尿等农家肥料，提倡种植绿肥，合理使用化肥。化肥可以用作追肥。

表1-1 常用有机肥、土杂肥的养分含量

肥料名称	养分含量（%）			使用方法
	氮	五氧化二磷	氧化钾	
牛厩粪	0.38	0.18	0.45	堆沤发酵腐熟后，作基肥或追肥施用。追肥需配合速效性肥料
人粪尿	0.42	0.13	0.27	
猪厩粪	0.42	0.16	0.42	
羊厩粪	0.83	0.23	0.69	
鸭 粪	1.00	1.40	0.60	
鸡 粪	1.63	1.54	0.85	
蚕 沙	0.93	0.20	0.32	

续表

肥料名称	养分含量（%）			使用方法
	氮	五氧化二磷	氧化钾	
豆 饼	6.30	0.92	0.12	粉碎后作基肥，配合施磷钾肥。浸泡后作追肥
菜籽饼	4.89	2.65	0.97	
草 灰	0	2.10	4.50	钾肥，与其他肥混施
堆 肥	0.75	0.38	0.56	堆沤发酵后作基肥

（2）施肥时期及施肥量 果桑园施肥一般分冬季、春季、夏季 3 个时期。

①冬肥 以基肥为主，在桑树进入休眠期、土壤封冻前进行。以迟效性、持续性的有机肥为主，每亩施堆肥、厩肥 3 000 千克，或腐熟鸡粪 800 千克，加饼肥 100 千克。

②春肥 在 3 月份果桑新梢达 15 厘米左右时施用，以速效肥料为主，每亩施肥 50 千克。

③夏肥 此期为主要追肥期，以速效肥料为主，此次追肥关系到第二年的桑果产量。一般在夏伐后的 6 月上中旬施用。亩施肥料 100 千克，可以配合过磷酸钙、氯化钾等磷钾肥。

（3）施肥方法

①沟施 在行间中央或一侧开沟，沟深、宽各 20～30 厘米。开沟时尽可能少损伤根部。施肥后覆土。多采用此法施基肥。

②穴施 在行间一侧两株果桑之间开穴，穴深 20 厘米、宽 30 厘米。施肥后随即覆土。下一次施肥可调换地方。多采用此法追肥。

③环施 在树冠垂直投影的部位开一环状施肥沟施入肥料。高干或乔化整形的园可用此法施肥。

④撒施 把肥料均匀撒在桑树行间，翻耕入土。冬耕时施用堆肥和改良酸性土壤的生石灰时均采用此法。

⑤叶面施肥 叶面施肥在结果期和生长期进行。结果期的

最后一次叶面肥应该在桑果采摘前 20 天停用。常用叶面肥浓度：尿素 0.3%～0.5%、磷酸二氢钾 0.2%～0.3%、硼砂 0.1%～0.2%，可以与杀菌剂配合。

3. 灌水与排水　要适时进行灌溉，尤其是在萌芽前及果实膨大期。当土壤相对含水量低于 15% 时，枝叶会出现萎蔫现象，旱情严重时桑树便不能正常生长。夏、秋季应注意排水，果园长时间积水对树体结果和生长均有不利影响。

（四）花果管理

1. 抹芽　在 3 月中下旬萌芽期进行，此期应注意抹除主干上萌发的隐芽、结果母枝基部的密集芽和弱小芽，以集中营养，减少养分消耗。

2. 摘叶　在桑果膨大期，可将树体结果母枝基部和枝条中下部密集的桑叶适当摘除 2～3 片，有利于通风透光，积累营养，增加桑果可溶性固形物含量，提高果实品质。

（五）采　收

1. 采收时间　桑果采收时间以气温较低的清晨为佳，此时采摘可适当延长其保质期。

2. 采收方法　桑果成熟期不一致，大概会持续 20～30 天，应分批采摘，一般每 5 天采收 1 次。最好用手工进行采摘，采前戴上无菌手套，注意轻拿轻放，勿碰伤果实表皮。

（六）整形修剪

1. 整形修剪原则　果桑栽植后，每年都要进行修剪。整形修剪要遵循"小树助长，轻剪为主""因树修剪"的原则。即小树要注意多培养枝条，促进营养生长；盛果期树要保持树势稳定健壮，选留优质果枝，以轻剪为主；根据全株的长势和枝条的角度、位置进行适当的调整，使之形成良好、丰产的树体。

2. 整形修剪的时期和方法

（1）**时期** 分为休眠期修剪和生长期修剪。休眠期修剪又叫冬季修剪，指从果桑落叶期至翌年春季发芽前进行的修剪，采用的主要方法是疏剪和短截。生长期修剪指在桑树发芽后的生长发育期内进行的修剪，采用的主要方法是摘心、夏伐、疏芽、短截等。

（2）**方 法**

①摘心 摘心可以抑制新梢旺长，提高坐果率和减少生理落果。摘心一般在5月上中旬桑果开始变红时进行，摘除枝条中上部萌发的新梢芽心。要注意摘心不是剪梢，桑果成熟期间不能剪枝叶。

②夏伐 又叫伐条，初夏桑果采收结束后，将1年生枝条全部剪伐。夏伐可分为拳式剪伐和无拳式剪伐两种。拳式剪伐指从枝条基部剪伐，无拳式剪伐指从枝条基部留2～3个定芽后剪伐。如果树形不够合理，那么可以按照基本要求进行树体改造，扩枝增拳，直到达到丰产的树体结构。

③疏芽 疏芽一般分两次进行，在夏伐后新枝条长至30厘米左右时进行。幼树园按照培养树形的要求、盛果园根据果桑群体结构需要的枝条数量，分别摘除细弱或着生位置不合适的芽条。

④短截 适时、适量的短截会促进1年生枝条下部的冬芽萌发、增产。一般在10月上旬对果桑1年生枝条进行轻短截，仅剪去枝条的顶端部分，促使枝条生长充实，花芽充分分化。落叶后也可进行短截。

⑤疏剪 把多余的、过密的和无保留价值的枝条从基部剪除叫疏剪。疏剪具有调节枝条密度，改善树冠内通风透光，调节局部枝条生长势，提高结果质量的作用。疏剪可与冬季整枝修剪结合进行。

⑥整枝 冬季整枝可以矫正果桑枝条姿势，防止自然灾害的发生，又称其为解束，即在疏剪后将枝条一起用包扎绳或稻草结

缚起来，春天桑树发芽前，耕耘、施肥后将缚枝条的扎绳或稻草解开。解束的稻草和束内的枯叶往往是害虫的越冬场所，解束后将其收集并焚烧。

三、主要病虫害防治

（一）病　害

1. 桑葚菌核病　又名白葚病，主要危害桑果。病原有肥大性菌核病、缩小性菌核病、小粒性菌核病 3 种。共同病症：桑葚失去应有的红紫、滋润、光亮状态，变成形状或大或小、色泽怪异的病果，而且会产生黑色菌核。严重时整枝甚至全株发病，无好果且有臭味，致使桑果失去商品价值。

【防治方法】　①冬季清园。冬季将枯枝、落叶、杂草、树皮、僵果集中清理出果园，进行沤肥、深埋或烧毁。树干涂白，全园树干和树盘在落叶后至萌芽前喷石硫合剂。控制越冬病源。②提前预防。结合春耕和浇水，对果园进行深翻或铺地膜，阻碍病菌出土。③及时摘除已发病的果实，将其收集后拿出桑园，异地烧毁或深埋。④栽植前合理规划，避免低洼地种植，合理密植，注意改善全园通风透光条件。⑤初花期至盛花期（即春季桑芽雀口期至盛花期）用 70% 甲基硫菌灵可湿性粉剂 1 000 倍液，或 50% 多菌灵可湿性粉剂 600～1 000 倍液喷雾预防，或 70% 甲基硫菌灵可湿性粉剂和 80% 代森锰锌 1∶1 混合 1 000 倍液，在始花期、盛花期、末花期发病时，每隔 7 天喷 1 次，连续防治 2～3 次，采果前 15～20 天停药。

2. 桑萎缩病　该病病原为我国植物检疫对象，俗称瘟桑、猫耳朵，大多在桑树夏伐后发生。发病初期枝条上部叶片皱缩，下部叶片仍较大，形如塔状。发病中期枝条中部或顶部腋芽萌发早，生出许多侧枝，叶黄化粗硬，秋叶落得早，春芽萌发早、无花蕊。发病末期枝条更加细小，簇生成团状，似绣球花，叶小如猫耳朵，细根变褐凋萎，2～3 年内可致植株枯死。

【防治方法】 ①冬春季挖除病株后，再分别于 6 月份、7 月份、9 月份各挖除 1 次，其中 6 月下旬的这次最关键。②该病的传播介体是昆虫，因此应该提前剪梢除卵，除去介体昆虫。早春用 50% 马拉硫磷乳剂和 80% 敌敌畏乳油的混合液 2 000 倍液，或 40% 乐果乳剂 1 500 倍液，或 40% 辛硫磷乳剂 2 000 倍液喷布桑枝进行防治。夏伐后喷洒 90% 敌百虫晶体 3 000 倍液，药杀成虫。③提早夏伐，合理采摘秋叶，做好树体管理工作。

3. 桑细菌病 该病菌为我国植物检疫对象，俗称烂头病，是由短杆状细菌引起的病害，危害桑叶和新梢。病叶呈现黄褐色病斑，严重时变黄易落。叶脉、叶柄受害后，叶片显著皱缩，生长畸形。夏、秋季发病严重时，嫩梢变黑枯萎，呈烂头状，枝条呈现点线状病斑，影响桑叶产量和质量。

【防治方法】 ①及时剪除病叶、新梢、病枝、消灭病原。②多施有机肥。地势低洼高湿的桑园注意开沟排水排湿。③发病初期剪除病梢、病叶，同时用 300～500 单位土霉素，或 1.5% 链霉素与 1.5% 土霉素的混合液 500 倍液喷雾防治，隔 7～10 天再喷 1～2 次，可有效控制病害发生。

4. 桑芽枯病 此病是由担子菌引起的桑树常见的枝干病害，主要在春季危害桑芽，尤其是枝条上中部的桑芽。早春患病枝条的冬芽或伤口周围产生红褐色油渍状病斑，冬芽枯死。若几处病害同时发生，则病斑逐渐扩大，最后环绕枝条，病斑部以上枝条逐渐枯死。受害严重时，桑园发芽极不整齐，萌发的芽会很快枯死，呈现一片枯焦状。遇雨后病斑处皮层腐烂。

【防治方法】 ①加强桑园管理。合理采摘秋叶，防止损伤冬芽、碰伤枝条，增施有机肥及磷钾肥，促使桑树生长健旺。提早防虫，及时治虫，减少虫伤。②早春发现病枝时，将其及时剪除并烧毁。发病严重的桑园应进行部分或全部春伐或降干处理，用

5 波美度的石硫合剂喷洒枝干，消灭越冬病菌。

5. 桑褐斑病　俗成焦斑、烂叶，是由半知菌引起的叶部病害。感病初期，病斑为褐色，水渍状，呈芝麻粒大小，后逐渐扩大成圆形或多角形。以夏、秋季危害较重，嫩叶发生较多。严重时整叶布满病斑，枯萎黄落。在日照不足、通风不良、缺肥或偏施氮肥的桑园容易发病。

【防治方法】　①在发病期或落叶期及时收集病叶做堆肥，冬季剪去梢端病原。②增施磷钾肥。低洼高湿桑园及时开沟排水，注意通风透光。③发病初期用 50% 多菌灵可湿性粉剂 1 500 倍液，或 70% 甲基硫菌灵可湿性粉剂 1 500 倍液喷洒叶片，隔 10 天左右再喷 1 次。危害严重的桑园，早春发芽前结合治虫，喷 4～5 波美度石硫合剂，以消灭越冬病菌。

6. 桑白粉病　桑白粉病是秋季桑叶的主要病害，多发生在枝条中下部将硬化的叶片或老叶背面，晚秋季节也危害上部桑叶。病叶背面布满白粉状霉斑，加速桑叶硬化。与污叶病并发时，叶背会形成黑白相间的霉斑。桑叶硬化迟、通风透光差的桑园易发病。

【防治方法】　①消灭病原，秋季落叶后及时收集病叶，将其烧毁或做成堆肥。结合除虫，冬季用石硫合剂涂抹枝干，或全园树体和树盘喷洒石硫合剂，以减少越冬菌。②夏伐后及时追施夏肥，干旱季节注意抗旱，以延迟桑叶硬化，减少病害发生。③发病初期用 50% 多菌灵可湿性粉剂 500 倍液，隔 10 天左右喷 1 次，连喷 2 次，可抑制病菌蔓延。

7. 桑根结线虫病　该虫为我国植物检疫对象，主要危害桑根。发病根部长出根瘤状物（虫瘿），大小不等，严重时连成念珠状。念珠形成初期呈黄白色，后渐变为褐色至黑色而腐烂。剖开瘤状虫瘿，可见乳白色半透明的雌线虫。被害后枝叶生长缓慢，叶小而薄且发黄。严重时树势衰弱，芽叶枯萎，使成片桑树毁掉。一般沙土或沙壤土发生较多。病害通过病苗、农具、流水等传播。

【防治方法】 ①栽植前剔除病苗，将其及时烧毁。②发现病株及早挖除，并用80%二溴氯丙烷乳剂或线虫灵等杀线虫剂150倍液喷施土壤杀虫。

（二）虫　害

1. 桑象虫 俗称桑象鼻虫，属鞘翅目象甲科，是桑树芽期的主要害虫，以成虫蛀食桑芽。春季食害冬芽，夏伐后危害刚出的新芽，常造成全株叶片不发，光秃枯死，特别在剪伐不齐、半截枝多的桑树上，最适宜桑象虫繁殖。对桑树的树形养成和产量影响很大。

【防治方法】 ①夏伐及冬剪时，彻底剪除半截枝、枯桩，并及时将其烧毁。②伐条后桑芽萌发时，及时用40%水胺硫磷乳油1 000倍液，或50%杀螟松乳油与80%异稻瘟净乳油1∶1混合液1 000倍液喷洒。

2. 桑毛虫 俗称金毛虫，属鳞翅目毒蛾科。幼虫在早春或伐条后危害桑芽，展叶后食害桑叶，将叶啃食出大缺刻，危害严重时常将枝上嫩芽吃完，芽不能萌发。幼虫体表生有毒毛，触到人体易使皮肤红肿，发炎疼痒。

【防治方法】 ①害虫越冬前用稻草给桑树枝条结束，引诱幼虫在其中越冬，翌年初春及时解下束草捕杀害虫。②人工摘除"窝头毛虫"，即在低龄幼虫一叶集中危害期连续2～3次摘除幼虫与卵块，可明显降低危害。③点灯诱杀成虫。④早春果桑发芽期间用90%敌百虫晶体2 000倍液防治。生长期用80%敌敌畏乳油2 000倍液，或40%辛硫磷乳剂2 000倍液喷杀幼虫。

3. 桑尺蠖 俗称造桥虫，属鳞翅目尺蛾科。以幼虫食害桑芽和桑叶，是早春危害桑树的主要害虫。春季桑芽萌发时，越冬幼虫将整个桑芽内部吃空，只留芽苞，甚至连芽周围的桑枝皮层也食害，常造成整株桑树光秃不发芽。幼虫终年食害桑叶。

【防治方法】 ①害虫越冬前用稻草给桑树枝条结束，引诱幼虫在其中越冬，翌年初春及时解下束草捕杀。②冬季落叶后捕杀潜伏在老翘粗皮、桑拳内或落叶内越冬的幼虫。早春桑芽萌动后也可以捕捉、杀死害虫。③在春芽萌发前半个月，桑树冬芽开始转青但尚未脱苞及伐条时或夏伐以后，喷洒 90% 敌百虫晶体 1 000 倍液，或 80% 敌敌畏乳油 1 200 倍液，或 50% 辛硫磷乳油 1 000～1 500 倍液，或 50% 杀螟硫磷乳油 1 000 倍液，或 25% 亚胺硫磷乳油 3 000 倍液。秋蚕停食后喷洒 2.5% 三氟氯氰菊酯乳油或 20% 氰戊菊酯乳油或 2.5% 溴氰菊酯乳油等菊酯类杀虫剂 4 000～5 000 倍液，或 5% 氟虫腈悬浮剂 1 500 倍液，或 10% 吡虫啉可湿性粉剂 2 500 倍液。④利用天敌在果园中人工释放桑尺蠖的天敌脊腹茧蜂，寄生率在 70%～80%。

4. 桑天牛　俗称大羊角，属鞘翅目天牛科。幼虫于枝干的皮下和木质部内向下蛀食，隧道内无粪屑，隔一定距离向外蛀一个通气排粪屑孔，排出大量粪屑，使树势削弱，重者枯死。成虫食害嫩枝皮和叶，是多种林木、果树的重要害虫。寄主被害后，生长不良，树势早衰，木材利用价值降低，影响桑、果产量。

【防治方法】　①成虫发生期及时捕杀成虫。②铁丝等工具插入蛀口后大力向下刺到隧道端，反复几次可刺死幼虫。结合修剪除掉虫枝，集中处理幼虫。③利用注射器或弹簧加油壶等工具，将 80% 敌敌畏乳油 500～1 000 倍，或 50% 杀螟硫磷乳剂 1 000 倍液，从柱口的上方注入口道并填塞孔口。夏伐后方便进行，安全操作。

5. 桑瘿蚊　属双翅目瘿蚊科。以幼虫危害顶芽和叶。被害芽一般从基部逐渐屈曲，最后发黑枯萎；被害枝呈扫帚状，腋芽相继生长，形成许多侧枝。以春、夏季危害最重。

【防治方法】　①冬季深翻果园，夏、秋季勤除草，保持土壤干燥，抑制瘿蚊发生。②覆盖地膜可以阻止瘿蚊成虫羽化出土和老熟幼虫入土。③冬季将园中的枯枝落叶、病害枝、虫害枝、弱枝以及园中和周边的杂草清除干净，并将其集中烧毁，之后或深埋或结合冬季积肥集中堆沤做基肥。④6月初成虫大量羽化前或夏伐后，可每亩用3%辛硫磷颗粒剂3～5千克拌细土40～50千克，或用40%辛硫磷乳剂800倍液，在土面上撒（洒）匀然后翻下。⑤顶梢施药，即于各代幼虫孵化盛期用80%敌敌畏乳油1 000倍液，或40%乐果乳剂1 000倍液，喷芽防治。

6. 桑蓟马 又名举尾虫，属缨翅目蓟马科。高温干旱的夏、秋季是桑蓟马产卵的高峰期，虫口密度达到最高，是危害最严重的时期。桑蓟马的成虫、若虫均以锉吸式口器破坏桑叶背面和叶柄表面组织，吸取叶汁，造成许多褐色小凹点，使被害叶因失去水分而提早硬化，受害严重的桑叶叶脉之间完全失水干枯，叶缘卷缩，发生类似叶枯病的症状，枝条上中部的适熟叶全部干瘪卷缩呈锈褐色。

【防治方法】 ①冬季落叶后及时清除田间的枯枝落叶，集中烧毁或掩埋。在休眠季节，对树体及树盘周围土壤喷施4～5波美度的石硫合剂，以减少早春病源。②对田园虫口密度高、产卵数量多的桑叶，可摘除顶部卵源叶片集中处理，对带虫叶用0.3%的漂白粉液进行消毒处理，以降低田间虫口数量，减轻危害发生。③可选药剂有40%乐果乳油1 000倍液，或80%敌敌畏乳油1 500倍液，或40%辛硫磷乳剂1 000～3 000倍液。在夏、秋季虫口密度较高时需连续喷药2次，中间间隔15～20天。

7. 桑葚食蝇 桑葚食蝇是近几年在桑园基地逐渐蔓延的一种果桑重要害虫，可侵食树上的成熟桑果。通过舐吸桑果汁液，使桑果失去养分，丧失商品价值。其排泄物还会污染其他桑果、桑叶及树枝。发生严重的地块，一株树上能有上百只害虫，严重影响桑果产量和品质。早熟品种、早熟桑果最先受害，甜度大的桑果容易遭殃，甚至连八成熟的桑果也会被侵食。防治食蝇主要在成虫期。

【防治方法】 ①利用雌蝇性成熟和卵形成需要蛋白质食物的特性，配制以蛋白质水解物为基础成分的诱饵，诱杀果蝇。毒饵中蛋白质水解物占3份、45%马拉硫磷乳剂占2分。市场上出售的果蝇诱捕器、诱虫灯、果蝇性诱剂黏板及糖醋液等,在桑葚食蝇危害的早期使用有一定效果。②桑果成熟前及时清理桑园环境,对容易招引果蝇栖息的粪堆、垃圾堆、积水坑、厕所等场所,进行彻底清理及喷药,降低果蝇基数。③在桑葚食蝇大量危害果桑时,可以合理使用农药防治,目前以马拉硫磷效果最好。马拉硫磷属低毒杀虫剂,残效期短,对桑葚食蝇具有良好的触杀、胃毒和熏蒸作用。

第二章

无 花 果

一、优良采摘品种

（一）红色、紫色品种

1. 波姬红 夏、秋果兼用，以秋果为主。果皮鲜艳，为条状褐红色或紫红色，果肋较明显，果柄短，果长卵圆形或长圆锥形。秋果平均单果重60～90克，最大果重110克。果肉微中空，浅红或红色，味甜，汁多，含可溶性固形物16%～20%，品质佳。波姬红为鲜食大型红色无花果优良品种。该品种树势中庸，树姿开张，树干皮孔大，分枝力强。新梢年生长量可达2.5米，枝粗2.3厘米，节间长5.1厘米，树形易控制。叶片较大，叶径为27厘米，多为掌状5裂，叶缘有不规则波状锯齿。该品种耐寒、耐盐碱性较强，始果部位低，极丰产。

2. 紫宝 由中国农业大学园艺学院从青皮芽变中选育出的紫果品种，于2015年12月份通过国家林业局新品种授权。该品种为普通型无花果品种，以秋果为主，秋果扁圆形，成熟时间为8月20日至10月底，果实大小基本一致。秋果平均单果重33.4克，平均横径3.36厘米、纵径3.57厘米，果形指数1.06，果实最大横径位置为中间部位。果皮紫色，片状着色，着色度深，含有少量蜡质和皮孔，多果粉。果肉为深红色，瘦果数量适中，肉质松软，果汁量适中，果实平均含酸量为 0.34%，可溶性固形物含量为 18.5%。夏果数量显著少于秋果，质量为 45～60 克，成熟时间为 7 月 10 日至 7 月底。紫宝果实糖度、含酸量与青皮基本一致，但果实大小和质量略小，产量与同等栽培条件下的青皮无明显差异。

3. 日本紫果 原名法紫。原产于法国，我国从日本引入，属于晚熟紫色优良品种。该品种树势强旺，分枝力强，多年生枝条灰白色，叶黄绿，背面无茸毛，叶片大而厚。夏、秋果单果重 50～60 克，平均纵径 4.78 厘米、横径 3.88 厘米。成熟果深紫色，外观极为艳丽美观，果肉鲜艳为红色，味香甜可口，含可溶性固形物 20.4%，品质极上。耐贮藏，结果早，特丰产，抗寒性强，耐旱耐涝。日本紫果是鲜食加工兼用优良品种，非常适合采摘果园种植。

4. 玛斯依陶芬 该品种树势健旺，树冠开张，枝条软且分枝多，枝梢下垂。叶片较小，圆形。夏、秋果兼用，但以秋果为主。夏果长卵圆形或卵圆形，较大，一般单果重 80～100 克，最大果重 150 克。果皮绿紫色。秋果倒圆锥形，中大，一般单果重 60～90 克，果成熟时紫褐色，皮薄。果肉桃红色，肉质粗，含水量多，含可溶性固形物 16% 左右，较甜，品质中等，丰产性强。夏果一般在 7 月上中旬成熟，秋果 8 月下旬成熟。果实供应期为 50 余天。本品种果大、丰产，适于鲜销而不宜加工。因为其耐寒性弱，所以适于长江以南或保护地栽培。该品种耐盐性弱，不适于盐碱地种植。

5. 紫色波尔多 从西班牙引进的品种，是一种果实偏小、紫黑色的无花果。树形矮小且丰产，适宜盆栽或家庭种植。果实卵圆形，果皮薄、黑色，平均单果重 25 克。果肉深红色，柔软多汁，风味甜，香气浓郁，含可溶性固形物 18%～20%，品质极上，适合鲜食。该品种耐湿、耐高温，不易裂果，抗寒性较差，北方地区须采取一定的保护措施。果目闭合，耐贮运。

（二）黄色品种

1. 芭劳耐 该品种丰产稳产，品质优，尤其是夏果果形奇特，果把极长，似香蕉形状，因此又称其"Banana"。树势中庸，新梢年生长量约 2.1 米，树势开张，分枝角度较大，节间短，始果节位一般为 3～4 节。夏、秋果兼用品种，但以秋果为主，秋果品质好于夏果。在郑州地区夏果 6 月下旬成熟，果皮为玫瑰金色，单果重 70～100 克，最大果重 130 克。果肉粉色，糯，浓甜微香，含可溶性固形物 18% 以上，果目中等。秋果倒卵形，果皮淡黄褐至茶褐色，皮孔明显，果目微开，果肋可见，果顶部略平。鲜食味道浓郁，风味极佳，品质极优。

2. 新疆早黄 新疆南部特有的早熟无花果，夏、秋果兼用品种。秋果扁圆形，单果重 50～70 克，果实成熟时黄色，果顶不开裂，果肉草莓色，含可溶性固形物 15%～17% 或更高，风味浓甜，品质上。树势旺，树姿开张，萌枝率高，枝粗壮，尤以夏梢更盛。在原产地新疆，夏果熟期为 7 月上旬，秋果为 8 月中下旬成熟。

3. 金傲芬 该品种原产美国，于 2006 年引入山东威海，生长势强健，树姿开张。果实卵圆形，大果型，平均单果重 70.9 克，果皮浅黄，果肉黄色，致密，细腻甘甜，含可溶性固形物 17% 左右，最高 20.5%。2 年生树单株产量 8.5 千克，折合每亩产量约 783 千克。该品种性状稳定，适应性、抗病性强，基本无病虫害发生，较耐寒，8 月下旬至 9 月初果实陆续成熟。

4. 布兰瑞克 夏、秋果兼用品种，但夏果少，以秋果为主。夏果呈卵形，成熟时为绿黄色；秋果为倒圆锥形或倒卵形，平均单果重 50～60 克。果皮黄褐色，果实中空。果肉红褐色，含可溶性固形物 16% 以上，味甜而芳香。该品种树势中庸，树姿半开张，树体矮化，分枝弱，连续结果能力强，产量不高，耐寒、耐盐性强。

5. B1011 引自美国加州大学的鲜食优良品种，为夏、秋果兼用品种。树势中庸，分枝角度大，年生长量 0.69～1 米，枝粗 1.3～1.5 厘米，树势开张，节间短，分枝力较弱，结果能力强。果实长圆形，果形指数 1.06。成熟时果实下垂，始果部位 1～5 节，成熟期为 7 月下旬。成熟时果皮金黄色，有光泽，果肋明显，果顶部平而凹，平均单果重 68 克。果肉粉红色、中空，含可溶性固形物 17%～20%，味佳，外形美观，品质极上。该品种极丰产，且成熟期短，味极佳，是早期抢占无花果鲜果供应市场的优良品种，其显著矮化丰产特性，适宜在我国广大地区进行保护地密植栽培和用作良种产业化开发。

（三）黄绿或青色品种

1. 青皮 我国山东威海品种，为夏、秋果兼用品种，以秋果为主。秋果呈倒圆锥形，单果重 60～80 克，成熟时浅绿色，果顶不开裂，但果肩部有裂纹。果肉紫红色，中空，含可溶性固形物 16% 以上，风味极佳。该品种树势旺，树姿半开张，枝条粗壮，分枝较少，耐寒性中等，抗病力强，耐盐力较强。露地栽培成熟期大约 100 天。

2. 斯特拉 原产于意大利，在美国有大量种植。早年由云南引入我国。该品种树势中庸，树形紧凑，夏果 7 月中旬成熟，秋果 8 月上中旬开始成熟，栽植当年见果，第三年可进入丰产期。始果部位一般在 2～4 节，果实外观漂亮，成熟果果皮淡黄色至黄绿色，皮厚，硬度较高，耐贮运，不裂果。抗寒性较强。秋果果形较长，长卵圆形，长 5～8 厘米，单果重 56～90 克，最大果重 120 克。果肉深红色，肉质细腻，甘糯可口，不腻人，无青涩味，品质极优，含可溶性固形物 17.5%～23.4%。斯特拉是采摘园、保护地栽培的优选品种。

3. B110 引自美国加州大学的鲜食优良品种，为夏、秋果兼用品种。树势中庸，分枝较少，树冠较开张。新梢年生长量

1.3～2.3 米。果实长卵圆形，熟时果实下垂，果皮黄绿或浅绿色。夏果单果重 90 克左右，秋果单果重 45～60 克。果肉红色、汁多、味甜，含可溶性固形物 18%～22%，品质极佳。该品种丰产性能特别强，较耐寒，果实个头大，产量高，果目小，不易被昆虫侵染，具一定抗病能力，是鲜食和加工制干的最佳品种。

（四）花皮品种

1. 青花　该品种从青皮的芽变中选出，为鲜食和观赏兼用品种。树势健壮，树姿较直立，1 年生枝条黄绿色，有绿色纵条纹，分枝力一般。以秋果为主，秋果扁圆形，成熟时间与青皮同期，果实大小均匀，平均单果重 35 克左右，果皮自现果至成熟呈黄绿两色相间的条状，外形美观。果肉深红色，肉质松软，甜。夏果少。该品种产量与同等栽培条件下的青皮无明显差异，是一个集观光采摘果园、园林绿化、盆景制作和庭院栽培的优良观赏型品种。

2. 紫色日马达　原产于西班牙，又名彩虹无花果，是一个极具观赏价值的无花果稀有品种。它的独特之处是随着成熟度的变化，不断变换成不同的艳丽色彩，刚开始果皮颜色是绿黄相间条纹，随后变成红黄相间条纹，接着转变成红黑相间条纹，直到成熟期更深的红黑相间条纹，其美丽的色彩和变化明显不同于其他品种，所以被视为观赏无花果品种中的佳品。其果实结果时间长，露地长达 3 个月以上，具有极高的观赏价值。

3. A42　引自美国加利福尼亚州的观赏用品种。树势中庸，树姿较开张，1 年生枝金黄色，稍有绿色纵条纹，分枝力强，节间短。叶片中大，卵圆形，掌状半裂，绿黄色。果实卵圆形，果颈短，果顶平坦，果目绿色。果皮自现果至成熟，呈黄绿相间条纹状，外形非常漂亮、美观。果肉鲜红色，果实极耐贮运。该品种枝、果的色形皆美，适应性强，较耐寒，易管理，是一个集观光采摘、园林绿化、盆景制作和庭院栽培的优良观赏型品种。

二、栽培管理

（一）栽前准备

1. 园地选择　无花果喜光，喜温暖、湿润环境，因此应选择土层深厚、肥沃、排水良好的沙质土壤或腐殖质土壤，种植前对土地进行彻底的平整。

2. 挖定植沟或穴　栽植时，按株距 0.6～2 米、行距 2.5～4 米挖大穴或沟进行栽植，冬季建园一般于 12 月 10 日前及早挖好定植沟或穴。挖沟（穴）时，把表土与心土分别堆放在沟（穴）两侧。将秸秆、落叶、杂草、河泥等有机物填放沟底（20～30厘米），穴径和穴深各 0.6～0.8 米，并施入土杂肥 20 千克与土混匀。每穴施腐熟有机肥 25 千克、磷肥 1.5 千克，亩施有机肥量为 4 000～5 000 千克，最后回填生土与沟面平。土填满后浇一次透水，踏实后等待苗木定植。

3. 品种和苗木选择　根据建园要求及栽培目的确定品种配置。以鲜果上市为主的，宜选果型大、品质好、耐贮运的品种；以加工利用为主的，宜选大小适中、色泽较淡、可溶性固形物高的品种，应鲜食与加工相结合，各占适当比例。苗木选择时要选择品种纯正、健壮、根系新鲜完整的健康苗。

（二）定植技术

1. 株行距　我国露地稀植大冠形栽培多采用的株行距为（2～3）米×（3～5）米，亩栽 45～111 株。埋土或保护地栽培时多采用丛状密植的栽培方式，株行距（0.6～2）米×（2.5～4）米。定植前按照事先确定好的株行距，先测行线，再测株线，株、行线交叉点为定植点。行距大有利于采摘和机械化管理操作。

2. 栽植时期　栽植通常在落叶后至翌春发芽前进行。一般秋植优于春植，也有夏植或提早进行秋植的。春植在土壤解冻后至桑芽萌发前进行，愈早愈好，一般在 3 月上中旬栽植比较合适。秋植时，植后最好覆土或盖上地膜，保温保湿越冬。

3. 苗木处理 将苗木的枯枝和受伤根系剪除，并对 30 厘米以上根系进行适度修剪，栽前根部蘸泥，泥浆中应配入杀菌剂和生根粉。密植的进行丛状或"T"字形栽培，在苗木离地面以上 20 厘米处定干；稀植的进行大冠开心形栽培，可在苗木离地面以上 60 厘米处定干。

4. 栽植 按照品种合理搭配，并按原定植点位置逐株进行栽植。栽植时将苗木根系放在定植点的中心，注意扶正苗木，并使苗干与地面垂直，根部舒展。期间注意提苗一次。栽后立即浇透水，根茎埋入土中，土面与苗木原来的土印平齐；也可以适当深埋，但不超过土印处 5 厘米。水下渗后，做树盘，并且在树盘上覆盖地膜，有利于苗木成活。

5. 植后管理 栽后 1 周检查苗木是否缺墒，如果缺墒应补浇 1 次定植水。

（三）土肥水管理

1. 土壤管理 种植无花果的土层要深厚肥沃，可以在土壤中多施有机肥对土壤进行改良，使土壤疏松透气，保肥保水，以促进根系发育。

（1）**土壤改良** 对于土壤瘠薄的园地，宜每年进行 1 次土壤深翻改土，可在夏季结合翻压绿肥进行，也可于秋季采果后结合秋施基肥进行。改良方法有扩穴深翻、全园深翻和开沟深翻等方式。

（2）**松土除草** 中耕与浇水、除草相结合，干旱、半干旱园地浇水后均应中耕松土，雨水多的地方结合除草进行中耕。

2. 施肥 无花果叶面宽大、枝条粗壮，营养生长旺盛，果实负载量大，每年会消耗大量的土壤养分，因而只有不断地补充土壤养分，才能满足果树翌年的生长。除了大量补充氮肥外，无花果还需大量的磷钾肥，以利于果实的生长和品质的提高。另外，无花果喜弱碱环境，故土壤中还要增加钙肥等。

（1）种类与数量 以适施氮肥重施磷钾肥为原则，不同地区应根据土壤中氮、磷、钾的具体情况调整实施。同一园内，树势强的植株少施，树势弱的适当多施，幼树期施肥不宜过多。基肥占全年施肥量的50%～70%，夏季追肥占30%～40%，秋季追肥占10%～20%。肥料以有机肥为主，化肥为辅，1千克果实产量需施1千克农家肥。

（2）时期与方法 基肥在落叶后至早春萌动前施用，追肥在夏、秋果迅速生长前施用。开条沟施或环状沟施，沟深20～30厘米。施肥与灌水相结合。生长期进行根外追肥，施用0.5%尿素、0.2%～0.5%磷酸二氢钾等。

3. 灌水 无花果根系发达，细胞渗透压高，易从土壤中获得水分，因而抗寒性较强。但其叶片数量大，夏季高温天气蒸发量较高，所以需要及时灌水。无花果需水量大的时期主要有发芽与新梢抽生期、新梢快速生长期和越冬前这几个时期。

4. 排水 无花果耐涝性差，如果根部积水且未及时排出，轻则引起叶片凋零脱落，细根死亡，重则全株死亡。果实成熟期，降水过多会降低果实含糖量，影响果实品质，甚至造成裂果。

（四）花果管理和采收

春季无花果树的新生果枝长出3～4片果叶时，要进行抹芽管理。把主干和副主枝上萌生的新芽及结果枝上的弱芽全部抹去，全树共留80～90个结果枝，每个结果枝大约结成熟果8～10个。

无花果成熟期较长，果实在夏、秋季渐次成熟，宜分批采收。充分成熟的果实，顶端小孔微开，外皮网纹明显，风味最佳，但不耐贮运。市场上鲜销的果实应当提前采收。无花果果实浆汁多，长期接触易引起皮肤炎症，若经常采果，则需戴硅胶手套操作。

采收要掌握适时、适度，尽可能在清晨或傍晚进行。鲜果采收容器不宜过深，采摘时需保持一小段果梗。果实注意小心轻放，防止挤压。采摘人员戴上薄型橡皮手套，以免搬运时果实滚动。加工用的果实要在初熟时采收。

成熟无花果极易腐烂变味，且红色品种易变色，即使短期贮藏也需要0℃左右的低温和85%～90%的相对湿度。无花果一般宜随采收随处理，不宜久贮。

（五）整形修剪

1. 整形　无花果整形方式主要有多主枝开心形、"T"字形和丛状形。

（1）**多主枝开心形**　该树形可促进提早结果，便于采摘及管理等。苗木栽植当年，留50厘米左右定干，促进腋芽萌发抽枝。选择方位和生长势比较理想的3～4个分枝作为主枝培育，长至40～60厘米时重摘心，可促发4～6个二级主枝。翌年春在二级主枝外侧饱满芽处短截，以促进截枝萌发继续扩大树冠。3年后每年对主枝延长枝短截，以促发健壮枝，并剪除过密枝、丛生枝、病虫枝、衰老枝和干枯枝等。结果母枝衰老时，在其基部1～2个芽处进行回缩更新。

此种修剪方式适用于南方或北方栽种耐寒性较强的稀植大冠形栽培模式的品种。

（2）**"T"字形**　苗木定植后，当新梢生长到15厘米时，顺行保留2个长势较强的新梢，将其分别向两边行间呈180°的"一"字形伸展，将其培养为主枝，其余全部抹除。两大主枝的延伸和开张可用竹竿或铁丝等辅助固定，两主枝的长势尽量保持平衡。当年冬季修剪时，枝长留约2/3进行短截，剪口处留饱满侧芽。

翌年春，树液流动前（4月中旬）在地上约20厘米高处架设8～10号铁丝引缚主枝，用布带将主枝绑缚于铁丝上，撤去之前作牵引用的铁丝或竹竿。主枝上的芽萌发后，间隔20厘米交叉选留萌芽作结果枝培养，其余芽尽早抹除。两大主枝最前端发生的新梢作为主枝延长枝，用支柱斜向上引导，防止先端下垂早衰。选留的结果枝长至1～1.2米时，架设第二层铁丝引导固定。夏季可视树体生长情况及时除萌蘖和副梢，通过摘心控制生长势，促进果实成熟。冬季修剪时，主枝延长枝视株距在饱满芽处回缩（以相邻主枝接近但不重叠为准），主枝上的结果枝在基部保留1～2个芽重截，剪口芽留外芽。第三年春，主枝延长枝继续延伸，结果母枝上的芽萌发后，间隔20厘米左右交叉选留稍有开角的结果枝进行配置。冬剪时，对主枝延长枝继续回缩，结果母枝在基部留1～2个芽重截。此后，每年对结果母枝保留1～2个芽重截或回缩，同时要防止结果母枝远离主枝。

此种修剪方式尤其适用于需要埋土防寒或保护地栽培的不耐寒且耐修剪的品种。

（3）**丛状形** 苗木定植后留20厘米左右定干，可促进基部发枝及当年结果，冬季各结果枝留1～2节（15厘米左右）重剪。翌年春从所发枝条中选留5～6个作丛生主枝进行培养，冬季留1～2节重剪，以后各年依此反复。该修剪方式易导致树体早衰、产量下降，在北方埋土防寒区不建议连年使用。在南方或保护地栽培条件下建议采用此树形进行密植栽培。

2. 修剪技术 无花果修剪技术主要包括抹芽、除萌、摘心、短截、疏枝和回缩等技术。

（1）**抹芽** 在早春树体发芽后，去掉那些多余的芽。此时芽很嫩很脆，用手轻轻一抹，即可除去。抹芽能集中树体营养，使留下来的芽得到更充足的养分，有利于树体生长发育。

（2）**除萌蘖** 即除掉树体基部萌发的新枝。因为无花果树体近根部容易在早春萌发新枝，要及时对其除萌，以免浪费营养。

（3）**摘心**　指对当年新枝摘顶心。7月末至8月上旬选无花果幼树生长旺盛枝梢摘心，剪留30～35厘米以激发副梢。该技术是实现无花果植株当年定植、成园、结果及丰产的关键。

（4）**短截**　指对当年生枝条剪去一部分。无花果具有不断结果的特性，常采用短截、疏枝及回缩相结合的修剪原则。但幼树期应少疏枝，促进成花及早结果，短截有利于弱枝复壮，可促进新梢长势。栽植当年，按定干高度短截，以后每年对主枝延长枝短截。

（5）**疏枝**　指对密集枝的基部进行剪除，有留有去。疏枝可以改善树冠内膛通风透光条件、缓和先端优势、促进花序分化和果实发育。

（6）**回缩**　指对2年生以上的枝条进行短截的技术。回缩能促进结果枝组更新，减少枝条外围或顶端枝芽量，促使树体始终保持健壮、生长与丰产协调的状态。

3. 修剪时期　根据修剪时期不同，将无花果修剪分为冬季修剪和夏季修剪。

（1）**冬季修剪**　又叫休眠期修剪。在落叶后至春季萌芽前进行。

①疏除萌蘖枝和徒长枝　先剪去基部发生的萌蘖枝，对主枝上的徒长枝，除用作更新枝的，其他一律从基部去除。

②消除平行枝和交叉枝　对于树冠内的交叉枝和平行枝，应将混杂枝从基部疏剪和短截，使各大枝间保留适当距离，不致相互遮阴。

③短截延长枝　为维持树形，应对主枝、副主枝的延长枝适度短剪，强枝留短，弱枝留长，以便各主枝、副主枝的延长枝之间维持长势平衡。

④选留结果母枝　无花果结果母枝极易生成，1年生枝除徒长枝外，无论上一年结果与否，几乎全都能作为结果母枝。因此，修剪时应适当疏删，去劣留优，防止结果母枝过多过密，结

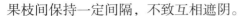

果枝间保持一定间隔，不致互相遮阴。

⑤更新侧枝　随着树龄的增加，主枝或副主枝上所生侧枝逐渐分枝、伸长，致使下部空虚，侧枝生长不良，因此应选择附近的徒长枝对衰弱的侧枝进行更新，对未发生徒长枝的将衰弱侧枝从基部除去，促其附近隐芽萌发新枝，作为新的侧枝。

（2）夏季修剪　又叫生长期修剪，即从春季萌芽后至落叶前进行的修剪。

①去除病虫徒长枝条　随时剪去病虫枝、干枯枝、徒长枝和细弱枝。

②适时摘心

幼树：整形时为使其尽早成形，常对壮枝采用摘心措施，以促其分枝。

促发二次枝：当冬季修剪不当或施肥过多，尤其是氮肥施用过多，造成枝梢徒长、不易形成花蕾时，则可于5月中旬进行摘心，使其发生二次枝结果。

控旺枝：为促使果实壮大和提早成熟，可对生长旺盛的结果枝适当摘心，使新梢停止生长不再结果，下部已长成的果实也可更快肥大和提早成熟。

三、主要病虫害防治

无花果生产中发生的病虫害不多，造成危害较大的主要有桑天牛、根结线虫和炭疽病等病虫害。无花果的病虫害防治以农业防治为基础，综合利用物理、生物、化学等防治措施。

（一）病　害

1. 炭疽病　炭疽病可危害叶片和果实。叶片发病时产生近圆形至不规则形褐色病斑，边缘色稍深，叶柄染病初变暗褐色。果实染病后在果面上产生圆形褐色凹陷斑，病斑四周黑褐色，中央浅褐色；病斑增大后，果实软腐直到腐烂，有时干缩在树上形成僵果。此病在整个生长期均可侵染危害。天气潮湿利于此病害大面积发生。

【防治方法】 ①疏松土壤，保持果园通风透光良好。②及时清除病落叶、僵果、落果，剪除病枝并集中烧毁或深埋。③施足腐熟有机肥，增施磷钾肥，增强树势。④果树休眠期可选择的药剂有 3～5 波美度的石硫合剂或 30% 戊唑·多菌灵悬浮剂 600 倍液。⑤果树生长期可选择的药剂有 10% 苯醚甲环唑水分散粒剂 1 000 倍液，或 70% 百菌清可湿性粉剂 800 倍液，或 80% 福·福锌可湿性粉剂 500～600 倍液等。

2. 枝枯病 该病主要发生在主干和大枝上，发病初期症状不易被发现，病部稍凹陷，可见米粒大小的胶点，并逐渐出现紫红色的椭圆形凹陷病斑。之后胶点增多，胶量增大。胶点初呈黄白色，随后渐变为褐色、棕色和黑色，胶点处的病皮组织变为黄褐色，腐烂并伴有酒糟味。坏处可深达木质部，后期病部干缩凹陷，表面密生黑色小粒点。发病严重时，可导致结果枝生长不良、落叶、枯死。冻害往往是诱发该病的重要因素。

【防治方法】 ①选用抗病性强的优良品种。②新植和再植时杜绝使用患病苗木，及时清除并烧毁病枝，减少侵染源。③疏松土壤，及时排水，保持果园通风透光良好条件，必要时要对土壤进行消毒。④发芽前为保护树干，可选药剂有 3～5 波美度的石硫合剂，或 70% 甲基硫菌灵可湿性粉剂 800～1 200 倍液，或 80% 代森锰锌可湿性粉剂 400～600 倍液等。

3. 锈病 该病主要危害叶片。叶背面初生黄白色至黄褐色小疱斑，后疱斑表皮破裂，散出锈褐色粉状物。严重时病斑融合成斑块，造成叶片卷缩、焦枯或脱落。幼叶感染后，叶片变小。锈病还会影响果实增大。

【防治方法】 ①适当修剪过密枝条，雨后及时排水，避免果园高湿、高温。②做好冬季清园工作，把病枝、叶集中烧毁，并喷 3 波美度的石硫合剂。③春梢萌动时，喷 15% 三唑酮可湿性粉剂 2 500～3 000 倍液，隔 10～15 天喷 1 次，连喷 2～3 次。④发病初期可使用的药剂有 43% 戊唑醇悬浮剂 3 000 倍液，或 5% 己唑醇悬浮剂 2 000 倍液，或 25% 丙环唑乳油 3 000 倍液等。

（二）虫　害

1. 桑天牛　成虫体黑褐色，密生暗黄色细绒毛，主要食害嫩枝皮和叶。幼虫于枝干的皮下和木质部内向下蛀食，隧道内无粪屑，隔一定距离向外蛀一个圆形通气排粪孔，排出大量粪屑，削弱树势，重者枯死。幼虫老熟后，即沿蛀道上移，随排泄孔增加，树皮变得臃肿或破裂，常使树液外流。该虫在北方 2～3 年发生 1 代，以幼虫或卵在枝干内越冬，寄主萌动后开始危害，落叶时休眠越冬。

【防治方法】　①结合修剪除掉虫枝，将其集中处理。②成虫发生期及时捕杀成虫，将其消灭在产卵之前。③成虫发生期结合防治其他害虫，喷洒 40% 乐果乳油 500 倍液，枝干要喷全。④成虫产卵盛期挖卵和初龄幼虫。⑤刺杀木质部内的幼虫，找到新鲜排粪孔用细铁丝插入，向下刺到隧道端，反复几次可刺死幼虫。⑥毒杀初龄幼虫可用 80% 敌敌畏乳油或 50% 杀螟松乳油 10～20 倍液，涂抹产卵刻槽，杀虫效果很好。可从新鲜排粪孔注入药液毒杀蛀入木质部的幼虫，如 50% 辛硫磷乳油 10～20 倍液等药剂，每孔最多注 10 毫升，然后用湿泥封孔，杀虫效果良好。

2. 金龟子类　常见的金龟子类有白星金龟子和黑绒金龟子。金龟子的幼虫取食无花果树根，成虫主要啃食果树的嫩枝、叶片和果实，特别是在果实成熟期，会将果实啃成大空洞，尤其是在被鸟啄食和易裂品种的果实上发生更多。

【防治方法】　①选择栽植不易裂果的品种，适时采收，防止果实采前流蜜和果皮受伤。②利用成虫假死特点进行人工捕杀，或利用其趋化性，在树上悬挂装有熟烂无花果或蜜糖的竹筒进行诱杀。③在成虫出土初期，以 70% 辛硫磷乳油 200 倍液，或 40% 毒死蜱乳油 12.5 升 / 米^2 喷撒地面，然后浅锄入土，毒杀出土及潜伏的成虫。成虫大量发生期进行树上喷药，可选用 45% 马拉硫磷乳油 2 000 倍液，或每亩施用 80% 敌百虫可溶性粉剂 85～100 克。

3. 叶螨类　常见的叶螨类主要是二斑叶螨。该虫以成螨或若螨聚集在叶背主脉两侧吸汁危害，使叶片失绿或变褐，严重时可结一层白色丝网，造成落叶。该虫成虫体长 0.2～0.4 毫米，很难被发现，一年发生多代，若遇高温干燥的气候条件，则容易大量发生。

【防治方法】　①病枝、叶和冬季的杂草及时烧毁。②可选药剂有 43% 联苯肼酯悬浮剂 3 000 倍液，或 24% 螺螨酯悬浮剂 3 000 倍液，或 1% 甲氨基阿维菌素乳油 3 300～5 000 倍液，或 14% 阿维丁硫乳油 1 200～1 500 倍液，或 16.8% 阿维·三唑锡可湿性粉剂 1 500 倍等。

第三章
树　莓

　　树莓与黑莓同是树莓属浆果，但分属不同的亚属。树莓果实成熟时与花托分离，果实中间是空的，像一顶帽子，属空心莓亚属。树莓果实颜色多样，但红色占主导地位，称之为红树莓，俗称红莓。黑莓的果实成熟时，果与花托不分离，花托肉质化，可以食用，属实心莓亚属，也称其为黑莓类群。

一、优良采摘品种

（一）树　莓

　　1. 红宝　中国农业科学院郑州果树研究所选育的双季红莓。该品种生长势较强，植株粗壮直立，分枝能力稍弱，生长健壮。

　　果实为聚合果，近圆形，空心。平均单果重 3.2 克，最大果重 4 克，成熟果红色至深红色，外观美丽，果肉柔软多汁，味道香甜可口，黏核，种粒极小，可食率 97.4%，出汁率 93.4%。结果早，丰产、稳产，大小年、生理落果现象不明显。夏果在 6 月初至 7 月 20 日成熟，秋果 8 月 20 日成熟，直至落叶。

　　红宝早果、早丰性较强。一般定植当年可结果，第二年平均单株产 0.5 千克，按株行距 0.8 米 × 2 米栽植，亩产 550 千克以上。第三年进入丰产期，每株产量在 2.25 千克以上，亩产在 650

千克以上。

2. 香妃　中国农业科学院郑州果树研究所选育的双季红莓。该品种植株直立,初生茎绿色,萌芽力和分枝力均强,上密生紫色小刺。果实为聚合果,圆锥形,空心;成熟果实深红色,具光泽,外观漂亮。平均单果重2.5克,果肉柔软多汁,可溶性固形物含量10.1%,总酸1.19%,味道酸甜可口。果香味极浓,黏核,种粒极小,可食率达97%,出汁率94.27%,鲜食口感极佳。夏果6月中旬开始成熟,秋果8月28日成熟至霜冻为止,11月下旬开始落叶。

香妃早果早丰性较强。一般定植当年可结果,第二年单株产250克左右,每棵树分枝10～15株,单株产量平均3千克,按株行距0.8米×2米栽植,亩产625千克以上。第三年进入丰产期,亩产1 250千克以上,极丰产。

3. 波鲁德　该品种来自NY817号杂交种,由美国纽约州农业技术推广站及康内尔大学培育而成。植株强壮,茎稀疏,刺少,根条多而强壮。果圆锥形,成熟果亮深红色,易采全果。单果重3克左右,最大果重4.5克,果肉柔软多汁,酸甜,香味浓,含可溶性固形物10.5%,较硬。在北京地区试种表现好,产量高,质量好,易于采摘。郑州地区夏果在5月25日前后至6月中旬成熟,秋果8月20日开始成熟直至霜冻为止。

4. 诺娃　又名新星,来自加拿大的双季红莓品种。果实成熟后深红色,圆锥形,平均单果重2.7克,最大果重4克,味酸甜,适合鲜食、冷冻。果实易与花托分离,空心。高产稳产,对颈部病害有较高抗性,耐热也耐寒。用于鲜食的树莓果实在采收后要及时冷藏,放入0～4℃的冷库中保存,可令果实延长保鲜2～3天。夏果6月初到7月18日左右成熟,秋果8月20日左右成熟直至霜冻为止。

5. 黑树莓　来自美国纽约。植株强壮而高产,果实早熟,平均单果重1.8克,果硬,风味极佳,做果酱最佳,也是鲜食的优良品种。该品种虽然抗寒、抗白粉病,但易感染茎腐病,适宜

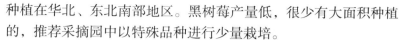

种植在华北、东北南部地区。黑树莓产量低，很少有大面积种植的，推荐采摘园中以特殊品种进行少量栽培。

6. 托拉米 来自加拿大的单季红莓，即夏季莓。6月底果实开始成熟。果实圆锥形，空心，平均单果重 4.5 克，最大果重 6.3 克，果硬，亮红色，香味浓，酸味淡，含可溶性固形物 11.8%，采果期可达 50 天，是鲜食佳品。货架期长，在 4℃ 下可维持良好外观达 8 天之久，非常适宜速冻。该品种树势强壮，分蘖少，结果枝较短，耐寒力较差。在河北、河南、山东、陕西等省的大城市周边的沙壤土上试种表现良好，也是设施栽培的首选品种。

（二）黑 莓

1. 莎妮 由中国农业科学院郑州果树研究所选育的鲜食中等果型黑莓品种。该品种生长势较强，植株茎发达、粗壮，枝条半开张，萌芽力强，刺发达且锋利、密集。

果实为聚合果，锥形或近圆球形。成熟果紫黑色，实心。平均单果重 8.4 克，最大果重 15 克。果肉柔软多汁，含可溶性固形物 10%、可滴定酸 0.69%，果实味道酸甜可口，果香味浓。果肉黏核，种粒小，可食率达 97.5%，出汁率 94.78%，鲜食品质极佳，也可加工成果汁。6月上中旬至 7月中旬果实成熟，11月中下旬开始落叶。

2. 三冠王 引自美国。该品种因风味、果大和丰产性而得名，株型大，无刺，半直立，生长势强。成熟果紫黑色，有光泽，硬度大，平均单果重 8.01 克，最大果重 20 克以上。种子较大，坚实。果实酸甜适口，有香味，品质佳，含可溶性固形物 10.2%，易采收。果实成熟期在 7月中下旬至 8月中旬，平均亩产 962 千克。聚合果成熟脱落时与花柄分离，但与花托不分离，成为实心莓，果托可食。该品种适合鲜食和做果汁、糖浆、蜜饯等加工品。

三冠王定植当年就可结果，第二年大量结果，亩产约 332 千克，第三至第四年开始进入盛果期，第五年以后亩产在 1 200 千克左右。

3. 赫尔　引自美国，由江苏省中国科学院植物研究所选出，无刺，半直立，生长势强，丰产稳产。成熟果紫黑色，较大，单果重6.45～8.6克，最大果重达10克以上，坚实。味酸甜，汁多，品质佳。成熟期为7月初至7月下旬，需冷量为750小时。

4. 凯欧　中国农业科学院郑州果树研究所选育的大果型黑莓品种。树势强健，皮刺发达、锋利、密集。果实长圆锥形或圆柱形，实心，果个较一致，成熟果实乌黑发亮，外观漂亮。平均单果重15.9克，最大果重35克。果肉紫红或紫黑色，柔软多汁，含可溶性固形物8.1%、可滴定酸1.19%，味酸甜可口，果香味浓。果肉黏核、种粒极小，可食率达97%，出汁率93.9%，鲜食品质极佳，也可用来加工果汁、果酱或冻成干果食用。7月1日至8月1日果实成熟，11月中下旬开始落叶。

凯欧早果早丰性较强。一般定植第二年平均株产3.5千克，高的可达4.5千克以上，按株行距0.8米×2米栽植，亩产约1 150千克。第三年株产5～6千克，亩产1 450千克以上。第五年丰产园的亩产量在1 650千克以上。

5. 海洋1号　无刺黑莓品种，果实圆锥形或近圆球形，单果重6～9克。成熟果实乌黑发亮，果肉紫红或紫黑色，可食率97.6%，出汁率95%，含可溶性固形物11%。味酸甜可口，柔软多汁、黏核、种粒小，鲜食品质佳，可用来加工果汁、果酱和冻成干果食用。果实生长发育期46天左右，适合鲜食采摘果园种植。该品种产量高，抗性强，丰产期产量可以达到1 600千克以上。

二、栽培管理

（一）栽前准备

1. 园地选择　选择阳光充足、地势平坦、土层深厚、土质疏松、自然肥力高、水源充足、交通便利的地方建园。做好果园规划，设计好道路和灌水系统。栽植前对园地彻底进行一次消毒杀菌。

2. 整地 高标准整地是高产稳产优质的保障。为提高土壤有机质含量（一般要求达到3%）、增加土壤肥力，园地要全面深耕改土，消除杂草，种植豆科绿肥（如苕子、苜蓿）等。种植树莓前进行土壤消毒非常必要，特别是新开垦的荒地（包括撂荒果园），病虫害十分突出，根癌病和线虫对树莓危害尤其严重。目前对土壤使用农药拌土或熏蒸消毒的效果都不是很理想，试验表明，在种植前1～2年进行细致整地（包括深翻、消灭杂草、压绿培肥等）要比土壤消毒更加有效。

3. 挖定植沟（穴）回填 栽植前全面深翻整治土地，栽植时挖穴定植。定植穴大小以苗木根系大小而定，一般为30厘米×30厘米。未深翻或土壤较硬的地块在栽植时应挖南北走向的定植沟，宽60～70厘米、深50～60厘米，挖沟时表土与底土分开堆放，回填时先将表土回填到沟底10厘米厚，再将表土与厩肥混合均匀后填入沟内，至肥土层离地面15～20厘米时再用熟化的表土填平定植沟。在定植沟两侧做土埂，以便于灌水。黏土、多雨地区栽植前需改良土壤，宜垄栽，垄间设置排管系统。

（二）定植技术

1. 栽植方式与密度 树莓是单株栽植，生长1～2年待株数增多后可呈带状分布。栽植的最佳间距要根据所使用的机械或棚架类型、种植形式和品种类型而定。在美国，种植行宽90～120厘米，行距主要根据所用机具宽度而定，若使用的割草机或采收机宽244厘米，则行间距最少应为335厘米；棚架类型不同，栽植的行宽也不同，如"T"形或"V"形架的行间距必须比"I"形架大。

夏果型红莓栽植时，株距50厘米、行距2～2.5米，亩栽500～600株，成形后带宽60～80厘米；黑莓株距90～120厘米、行距 2.2 米左右，亩栽 300～400 株，进入结果期后每亩结果株为 1 800～2 000 个。秋果型红莓株距 60～70 厘米、行距 1.8～2 米，亩定植 500～600 株，带宽 40～50 厘米，进入结果期后每亩结果株为 2 500～3 000 个。

2. 栽植时间　包括春栽和秋栽。春栽宜早，土壤解冻后即可栽植；秋栽在落叶前进行，以便苗木在严寒到来前长出新根，且需埋土防寒，保证苗木安全越冬。北部地区春栽比秋栽成活率高。其他地区可依当地气候确定具体栽植时期。

3. 苗木处理　将苗木的枯枝和受伤根系剪除，并对 30 厘米以上根系进行适度修剪。栽前根部蘸泥，泥浆中配入杀菌剂和生根粉。在苗木离地面以上 20 厘米处进行整形修剪。

4. 栽植　按照品种合理搭配，并按原定植点位置逐株进行栽植。栽植时将苗木根系放在定植点的中心，注意扶正苗木，并使苗干与地面垂直，根部舒展。注意提苗一次。栽后立即浇透水，根茎埋入土中，土面与苗木原来的土印平齐。可以在水下渗后做树盘，并在树盘上覆盖地膜，有利于苗木成活。

5. 栽后管理　为缩短栽后缓苗期，提高苗木成活率，栽后第一年要加强田间管理。

（1）**保持土壤湿润**　栽后经常检查土壤水分，水分不足时及时灌水，但不宜过多。旱季沙壤土果园每隔 3～5 天灌 1 次水，雨季则要防止积水，避免烂根现象发生。另外要防止土壤板结、杂草丛生，及时中耕除草。中耕宜浅不宜深，以免伤害根系和不定芽，保持土壤疏松透气可预防根腐病和根癌病。

（2）**绑缚和追肥**　初生茎长到 60 厘米左右可进行立架绑缚。每年封冻前土地深翻 1 次，同时施入有机肥。在 5 月份和 6 月份各追肥 1 次，株施尿素 20～30 克，方法是在距株丛 30～40 厘米处开 10～15 厘米深的环形沟，将肥施入根系分布区，施肥后及时浇水，松土保墒。

（3）**越冬防寒**　入冬前，北方地区应在 11 月中旬前后对夏果型红莓和黑莓的当年生茎进行埋土防寒。埋土前灌一次透水，将整个植株平放在浅沟内，植株倒伏时要小心，避免被折断或劈裂，堆土埋严，避免通风。翌春晚霜过后即可撤土上架，时间不宜过早也不宜过晚。其他地区可依据当地气候条件采取相应的越冬防寒措施。

（三）土肥水管理

1. 土壤管理 树莓根系需氧量大，最忌土壤板结不透气。行间播种绿肥或种草覆盖、行内松土除草保墒等措施，对增加土壤有机质、改善土壤结构、提高肥力十分有效。土壤管理主要需进行以下工作。

（1）**松土** 灌水后应浅松土，这能使土壤表层疏松，改善土壤通气条件，减少蒸发，促进土壤微生物活动和有机物分解，利于幼树生长，使土壤在幼树生长时期内保持一定湿润状态。

（2）**除草** 树莓园的最大敌害就是大量争夺水分和养分的杂草。除草是一项经常性工作，也是保证树莓生长的重要手段。要坚持"除早，除小，除了"，以避免草荒。

（3）**中耕** 树莓植株有随着年龄增长根系上移的特性。建园初期根系上移不明显，可在春、秋季对树莓沟畦进行中耕，以疏松土壤、蓄水保墒，中耕深度以8～12厘米为宜（不伤根的前提下可适当深耕）。在树莓生长5～6年后，须根会露出地面，这时应逐年培土覆盖裸露根系。在冬季埋土防寒地区，可结合春季撤防寒土时进行中耕。

（4）**防寒越冬和解除防寒物** 一般在土壤封冻前，即11月初将树莓的枝条按倒在地，使其向一个方向匍匐，在行间取土盖枝，盖土厚度5～10厘米，注意要把全部枝条盖严。冬季和早春要常检查，把露出来的枝条重新用土盖上。早春在土壤化冻后，即4月上中旬除去防寒物。株丛基部的防寒土一定要清理干净，以防土堆增高，株丛根部上移。

2. 施 肥

（1）种类与数量　以适施氮肥重施磷钾肥为原则，不同地区应根据土壤中氮、磷、钾具体情况调整施肥量。同一园内，树势强的植株少施，树势弱的适当多施，幼树期施肥不宜过多。基肥占全年施肥量的50%～70%，夏季追肥占30%～40%，秋季追肥占10%～20%。以有机肥为主，化肥为辅，每千克产量施1千克农家肥。

（2）时期与方法　基肥在落叶后至早春萌动前施用，追肥在夏、秋果迅速生长前施用。开条沟或环状沟施肥，沟深20～30厘米。施肥与灌水相结合。生长期进行根外追肥，施0.5%尿素和0.2%～0.5%磷酸二氢钾等。

（3）有机肥　施肥应以有机肥为主，补充施用化肥。有机肥对土壤肥力的综合作用优于化学肥料，也能提高果实产量和品质。常用的几种有机肥料养分和水分的平均含量见表3-1。

表3-1　有机肥养分和水分平均含量　（%）

有机肥种类	水 分	氮（N）	磷（P_2O_5）	钾（K_2O）
牛 粪	82	0.65	0.43	0.53
禽 粪	73	1.3	1.02	0.5
猪圈肥	84	0.45	0.27	0.4
羊 粪	73	1	0.36	1
马 粪	60	0.7	0.25	0.6

有机肥的特点是施用量大，若每亩施入5千克氮素，则含同等氮量的有机肥需500千克。由于氮不能在第一年将养分全部释放，因此需另增500～600千克有机肥才能满足营养需要。将完全腐熟的优质有机肥，在植物休眠期结束前均匀深施于土壤中，是提高有机肥肥效的基本措施。

3. 水分管理　若想合理管理水分，则需了解当地的年降水

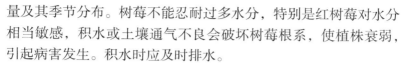

量及其季节分布。树莓不能忍耐过多水分，特别是红树莓对水分相当敏感，积水或土壤通气不良会破坏树莓根系，使植株衰弱，引起病害发生。积水时应及时排水。

（1）**适时灌溉**　在炎热、干旱条件下，灌溉可使树莓果个大、产量高、销价好。是否灌溉取决于树莓生长阶段的干旱频率和持续时间、栽培品种的抗旱性能、土壤持水能力和水源状况等。

树莓栽培后应及时灌定根水，特别是在春旱少雨的地区，此法是提高成活率的主要措施之一。树莓生长期对表层土壤水分变化非常敏感，当表层土壤干燥时苗木根系已受伤害，因此经常保持土壤湿润十分必要。根据树莓需水量的特点确定灌水时期，一般1年需灌水4次。

①返青水　在春季土壤解冻后树体开始萌动前进行。

②开花水　可促进树体开花和增加花量，并为翌年充足的枝芽量打下良好基础。

③丰收水　在6月份果实迅速膨大时灌溉，之后的雨季降水量基本能满足树体需求。

④封冻水　入冬落叶后，在埋土防寒前灌封冻水可提高树体越冬能力。

（2）**灌水系统的选择**　根据园地坡度、土壤吸水持水能力、植物耐水性和风的影响，选择合适的灌溉方法。树莓对积水敏感，地表灌溉时要严格控制灌水量。树莓对真菌病害敏感，喷灌时叶面湿透，可促使真菌滋生。坡度＞10°时会妨碍一些喷灌设施的使用。

（四）花果管理

1. 辅助授粉　树莓为虫媒传粉，自花结实果树，花为两性花，花托上的雌蕊、雄蕊含花蜜多，能吸引野生蜂类和养殖蜜蜂采蜜传粉。花期蜂类少时，需采取辅助授粉措施。人工辅助授粉在提高坐果率的同时，能显著提高浆果质量。小面积果园可用毛笔进行人工点花辅助授粉，大面积果园按 5 箱蜂 / 公顷采集花粉并配制花粉悬浊液（25～30 克花粉加水 1 升），喷花粉液辅助授粉。

2. 疏花疏果 疏花疏果一般进行 3 次：第一次疏去密集花蕾，第二次疏去小果、畸形果，第三次疏去伤果、病虫果。

3. 采收 进入果实成熟期后应分期采收、随熟随采，宜采充分成熟的浆果，使其具有品种独具的风味、香气和色泽。采收过早，果皮发硬、酸味重、香味和口感差；采收过晚，浆果变色，很容易霉烂变质。树莓的果实成熟期不一致，要分批采收。通常在第一次采收以后的 7～8 天，浆果大量成熟，之后每隔 1～2 天采收 1 次。尽量在早晨采收，此时香味最浓，每次必须将成熟果全部采尽。树莓娇嫩多汁，极易擦伤，病虫果、畸形果及烂果不可与好果混装。采收时应轻摘轻放，黑莓必须带果柄采收，最好直接放入包装箱内，以免倒放时受损。要尽量避免雨天采果，否则果实易霉烂。

（五）整形修剪

树莓的枝干支撑力较差，且营养生长旺盛，自然生长状态下植株不能成行，严重影响植株的生长发育。因此，树莓需修剪和用支架（引蔓和绑缚）进行生长控制和支撑，以改善光照条件，提高叶片光合效率、果实品质及可溶性固形物含量，降低病害感染率等。修剪和支架是现代树莓栽培管理的重要环节。

1. 支架类型及功能

（1）**支架类型** 支架主要有"T"形、"V"形、圆柱形和篱壁形等。"T"形和"V"形棚架常用于商业化树莓园。圆柱形和篱壁形常用于家庭园艺，具果用和观赏双重作用。

①"T"形架 用木柱或钢筋水泥柱架设。木柱直径 9～11 厘米，长 2～3 米，选用坚固耐腐的树木，下端埋入土中约 0.5 米，土中部分须蘸沥青防腐。水泥柱可自制，长同木柱，厚 9.5 厘米、宽 11 厘米，由水泥、石砾、粗砂和钢筋灌注而成。支柱

上端用宽 5 厘米、厚 3～3.5 厘米、长 90 厘米方木条做横杆。横杆在支柱上端用"U"形钉或铁丝固定，使横杆与支柱构成"T"字形。横杆离地高度根据不同品种的茎长和修剪留枝的长度而定，一般每年调整一次，使之与整形修剪高度一致。在横杆两端可用 14 号铁丝做架线，也可选经济耐用的麻绳或强度高的单根塑料线。

②"V"形架　用水泥柱、木柱或角钢架设。每列 2 根支柱，下端埋入地下 45～50 厘米，两柱间距离下端 45 厘米、上端 110 厘米，两柱并立向外倾斜成"V"形结构。两柱外侧等距安装带环螺钉，使架线穿过螺钉环予以固定。可根据品种生长势强弱和整形要求，在"V"形支架的垂直斜面上布设多条架线，以最大限度满足各品种类型和整形修剪方法的需求。

（2）**支架功能及引缚方法**　支架功能与整形修剪方法密切相关。适宜的支架可减少初生茎与结果茎的相互干扰，改善光照，增加产量。

"V"形架最适合用于花茎结果型树莓，无论采用哪种整形修剪方法，均可将初生茎（当年生新梢）与花茎分开，避免彼此干扰，使阳光照射到植株下部，减轻病害，提高冠内果实产量和品质。使用这种支架可将花茎捆扎在"V"形架两侧壁上，或将花茎和初生茎分别捆扎在两个不同壁面上，使生长和结果互不干扰，方便管理。树莓支架成本高且修剪耗时多，选择支架和修剪方式时一定要综合考虑。支架、支柱可就地取材，其寿命应与树莓寿命一致，一般应达 15 年以上。

树莓的枝条柔软，常因所结果实较重而下垂到地面弄脏浆果，从而影响产品质量和产量。为避免下垂枝条彼此遮阳，影响通风透光，需在早春修剪枝条后将其引缚固定在支架上，方法有以下几种。

①支柱引缚法　用于单株栽培方式的树莓园，定植第二年在靠近株丛的地方设立 1 根支柱，柱高 1.5～2 米、粗 4～5 厘米，

以能支撑全株丛的重量为标准，将株丛的枝条引缚到柱子上。

②扇形引缚法　在株丛之间设立2根支柱，把邻近的2株丛的各一半枝条交错引缚在2支柱上。这种引缚方法便于枝条受光，植株产量也高。

③篱架引缚法　在栽植行稍偏一侧，每隔一定距离（一般5厘米）埋入1根支柱，拉3道铁丝，或在支柱上横绑1道木杆构成篱架，把枝条均匀引缚在铁丝或横木杆上。这种引缚方法可使株丛通风透光良好，植株生长健壮，果实品质好、产量高，采果也方便。

2. 不同类型树莓的修剪和支架

（1）夏果型红莓的修剪和支架　夏果型红莓的初生茎在当年只进行营养生长，不结果，越冬时完成花芽分化并形成花茎（其他果树称结果母枝），翌年花茎抽生，开花结果。但旺盛生长期的初生茎会与同根生的开花结果的花茎争夺水分和养分。修剪的目的是将这种干扰减到最低，以保证高产稳产。

①栽植当年　2年生茎下部通常可抽生1～2个结果枝，但花序少、坐果率低、结果少。此时，可在结果枝旁立一根竹竿把结果枝绑缚扶直。另外，根茎上的主芽（侧芽）还可萌发出1～2株初生茎，让初生茎自然生长不加干预。品种不同，初生茎长势有差异，如托拉米品种的初生茎较强壮、直立、分枝少，米克品种的初生茎较软、有分支、易弯曲。不管直立型品种的生长势是强还是弱，都不要在生长季短截（或摘心）初生茎。虽然短截初生茎可控制其生长量和分支量，但夏果型红莓的花芽主要形成于初生茎上，而不是在分枝上，分枝越多，花芽就越少。另外，夏季湿度大、气温高，病菌易从伤口侵入，特别是茎腐病的感染率很高，而摘心会带来病害发生的风险。果实采收后，应立即将结果后的衰老枝连同老花茎紧贴地面剪除，以促进初生茎生长。从栽培角度考虑，栽植第一年不应留结果枝，而是使初生茎生长。到秋季气温凉爽，初生茎生长缓慢时，为了提高花芽质

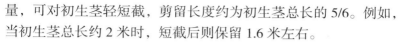

量，可对初生茎轻短截，剪留长度约为初生茎总长的 5/6。例如，当初生茎总长约 2 米时，短截后则保留 1.6 米左右。

②栽植后第二年　红莓在翌年的生长特点是花茎结果量增加，同时初生茎数量也增加。但盛果期前植株生长空间大，花茎与初生茎间的矛盾不突出。修剪方法与第一年相同。

③栽植后第三年　即盛果期之后，一年内需数次修剪。

第一次修剪在春季生长开始后，对越冬休眠的花茎（2 年茎）回缩，剪留长度根据不同品种的长势或同一品种的花茎长短和强弱而定。处在花茎中上部的芽一般比较饱满，花芽分化率高，抽生的结果枝强壮，是结果的主要部位，若因识别有误而过重修剪则会降低产量。一般原则是留下花茎长而粗壮者，剪截量为花茎长的 25%～30%。

第二次修剪是在萌芽后和花序生长发育期。当幼嫩结果枝的新梢生长到 3～4 厘米时对其疏剪，定留结果枝。定留原则是留着生部位高的结果枝，剪去部位低的，留强去弱，留稀去密。另外，粗壮花茎多留结果枝，细弱花茎则进行养枝或将其贴地面剪去待其重发新枝。将花茎下部离地面 50～60 厘米高的萌芽或分枝全部去除，因为下部花茎光照和通风不良，萌生枝营养消耗大，所结果实果个小、质量差，且易霉烂。修剪后，花茎上的结果枝应数量适当、分布均匀，然后再把花茎和结果枝均匀绑缚在支架上。

第三次修剪是在结果枝生长期。此时是初生茎和结果枝萌发与生长最快的时期，也是开花和坐果需要消耗大量养分和水分的时期。修剪重点是疏去初生茎，减少初生茎对花茎结果枝的干扰，以改善栽植行内通风透光条件，减少病害感染。

第四次修剪是去除结果后的花茎，培育初生茎生长的时期。花茎结果后自然衰老枯萎，留在园内会影响初生茎生长，进而影响翌年果实产量和质量。因此，果实采收后应立即将结果后的花茎紧贴地面剪去。同时，也要适当疏剪部分初生茎，留强去弱，一般每平方米的栽植行选留初生茎 9～12 株。

（2）秋果型红莓的修剪和支架类型

①修剪　秋果型红莓的修剪依据其结果习性和产量而定。秋果型红莓每年春季生长季开始，由地下主芽和根芽萌发生成初生茎。至夏末，单株初生茎有 35 片以上叶（或茎节），茎的中上部到顶端形成花芽，当年秋季结果，因此又称其为初生茎结果型红莓。若这种结果后的茎被保留越冬，翌年夏初在 2 年生茎的中下部的芽将抽生结果枝并再次结果，则又称其为连续结果型树莓，即"双季莓"，但这种"二次果"的质量和产量不如头年的秋果好。采收二次果极为困难，而且也影响新一轮初生茎的生长和结果。在美国和加拿大，多数种植者都不要夏季果，而只收一次秋果。将连续结果的红莓改为每年采收一次果，需要通过修剪来实现。

修剪的基本方法是每年在树莓休眠期进行一次性平茬。果实采收后，果茎并不会很快衰老死亡，在 9～10 月份还有一段缓慢生长恢复期，待休眠到来时，植株的养分已从叶片和茎转移到基部根茎和根系中贮存。因此，适宜修剪期应为养分回流后的休眠期至翌年 2 月份初生茎开始生长前。剪刀紧贴地面不留残桩，剪除全部结果老茎，促使主芽和根系抽生强壮的初生茎，并在夏末结果。

此外，影响初生茎生长和产量的主要因素是其在单位面积内的株树和花序坐果数，而这又与栽植行的宽度和密度有关。密度和行宽过大会影响光照和通风，降低产量。在初生茎生长期通过疏剪维持合理密度和行宽是保证红莓丰产稳产的主要措施，通常栽植行宽度保持在 40～50 厘米，株数保持在 20～25 株 / 米^2。田间试验证明：初生茎结果型红莓栽植模式以窄行（35～40 厘米宽）、小行距（180～200 厘米）的产量较高。

②支架类型　若初生茎结果时顶端过重，则易倒伏，在高温阴湿条件下果实会很快霉烂。因此，在结果期搭架扶干是必不

可少的。"T"形架较适合秋果型树莓。按植株高度，固定"T"形架横杆的相应高度，横杆两侧装上 14 号或 16 号铁丝，拉紧架线，将植株围在架线中，可有效防止倒伏。

3. 黑莓的修剪

（1）有刺黑莓 有刺黑莓的结果习性与夏果型红莓相似，不同的是黑莓的分枝结实力最强，花茎（主茎）结实力弱。因此，有刺黑莓的修剪首先是定干修剪，培育强壮的分枝。

春季生长开始后，初生茎生长迅速，当高度达到 90～120 厘米时截顶 10 厘米，剪口留在芽上方，距芽 3～4 厘米斜切。这种处理不仅能增加茎粗生长，促其木质化，而且能使主茎增加分枝。有刺黑莓的不同品种分枝能力有差异，无论品种分枝多还是少，单株分枝数量都不能太多，虽分枝多结果多，但果实小、产量低、品质差。分枝密度过大，株内（或株冠内）通风透光恶化，病菌易侵染，采果困难。一般每株选留 2～4 个分枝较好，每米栽植行留初生茎 7～9 株，将多余的初生茎和分枝一并剪去。芽萌发和初生茎的生长速率不一致，不能同时达到某一修剪程度，因此需要多次修剪，使株间、分枝间以及分枝与株间不重叠挤压，保证整个生长群体或绿叶层通风好、光照足。修剪只有达到一定标准才能起作用。

越冬防寒前短截分枝，减去其长度的 30%～40%；同时将生长弱的初生茎、病枝、过密枝从基部切除。在春季解除防寒后和初生茎开始生长前，回缩修剪分枝，留 35～40 厘米。采用"V"形支架的把分枝平展在"V"形架面上，用塑料绳或麻绳等捆扎固定。

分枝的芽不断萌发形成结果枝。在结果枝生长期至花序出现前，通过抹芽或疏剪选留结果枝。每个分枝上留 1～3 个结果枝为宜，在主茎上部靠近剪口的分枝生长势强，该部位多留结果枝；向下的分枝生长势减弱，需留强去弱，少留结果枝。

有刺黑莓的刺一般较坚硬锋利，给修剪、上架和采收等管理工作带来极大困难。但有刺黑莓却果实大、外观美、味道香，颇受消费者欢迎。种植者可选择隔年结果的整形修剪方法，以减轻栽培管理工作。

（2）无刺黑莓　无刺黑莓栽植后，前1～2年初生茎像藤本植物一样匍匐生长。3年以后，初生茎半直立或直立生长，分枝数量增加，分枝弯曲呈拱形，向下水平延长生长。

无刺黑莓的初生茎及其分枝都能形成花茎，在翌年生长开始后抽生结果枝开花结果，一般是单株的分枝产量最高。因此，无刺黑莓的整形修剪仍是以培养粗壮的分枝为主，以提高果实的产量和品质。

无刺黑莓修剪顶杆高度与有刺黑莓一样，当初生茎高达90～120厘米时，短截顶梢10厘米，剪口在茎节中间，剪口斜切，以利伤口排水和愈合。修剪可促进剪口下的分枝生长，为翌年结果打好基础。同时，将过密、生长弱和偏斜生长的初生茎从基部疏除。每个种植穴留初生茎3～5株，每株之间要有宽松的空间。在春季黑莓生长前回缩分枝，分枝剪留45～60厘米，同时将主茎上多余的分枝全部疏除，随即将保留的分枝绑缚于"V"形棚架上。

三、主要病虫害防治

（一）病　害

1. 灰霉病　主要危害花、幼果和成熟的果实，也危害叶片。发病初期花梗和果梗变为暗褐色，后逐渐扩展蔓延至花萼和幼果。湿度过大时病部表面密生一层灰色霉状物，最后造成花大量枯萎脱落、果实干瘪皱缩；浆果感染后破裂流水，呈浆状腐烂；气候干燥时病果失水萎蔫，干缩成灰色僵果，经久不落。

【防治方法】　①秋冬落叶后彻底清除枯枝、落叶、病果等病残体，集中深埋或烧毁。生长季节摘除病果、病蔓、病叶，及时喷药，减少病原再侵染机会。②加强树体营养，不偏施氮肥，增施磷钾肥，以提高自身的抗病力。③合理修剪，保持种植带内通风透光，降低湿度，减少灰霉病的发生。④花前或花后喷50%腐霉利可湿性粉剂1 500倍液，或50%可湿性粉剂1 000倍液。

2. 叶斑病 该病对1年生和多年生树莓叶片都会侵染，新叶发病较重，老叶次之。发病初期在叶片上形成淡褐色小斑，直径2～3毫米，后逐渐扩大呈圆形或不规则形病斑，中央呈浅褐色，边缘颜色较深，有黄色晕圈，最终发展成为白心褐边的斑块。气候干燥时病斑中央组织崩溃、破碎，形成穿孔。发病叶片后期病斑较多，有的汇合成大型病斑，严重影响叶片的光合作用。

【防治方法】①彻底清除病残体，集中销毁，减少园内侵染来源。②树莓采收修剪后，或翌年撤除防寒土上架后、萌芽前，喷布3～5波美度的石硫合剂，可极大减少菌源量。③加强园内管理，及时清除杂草，对枯株科学修剪，合理密植，防涝排湿，降低病原菌侵染机会。④花前喷施50%多菌灵可湿性粉剂500～800倍液，或50%腐霉利可湿性粉剂1 000倍液，或40%嘧霉胺悬浮剂800倍液。

3. 茎腐病 该病危害树莓基生枝。其发生常常与树体的伤口、虫害有关，多发生在晚春或初夏。高温多雨季节为发病盛期。

【防治方法】①秋季清园，剪下病枝集中烧毁。越冬埋土防寒前喷4～5波美度的石硫合剂1次。喷洒药剂时要注意全株喷洒，尤其枝条基部，最好地面也喷。春季树莓上架后、发芽前再喷1次4～5波美度的石硫合剂。②发病初期喷70%甲基硫菌灵可湿性粉剂500倍液，或40%乙磷铝可湿性粉剂500倍液，或50%福美双可湿性粉剂500倍液，药效可持续到花前或初花期。

4. 炭疽病 叶片感病后形成白色的小病斑，边缘紫色。染病部位变脆，形成穿孔，最后穿孔急剧扩大相连，形成更大的穿孔，严重影响叶片光合作用。枝条感病，初期形成紫色褶皱，之后病斑扩展，形成中心灰白、边缘紫色的溃疡斑，严重时病斑连成片，导致树皮开裂，枝条木质化。

【防治方法】 ①果实采收后及时清除病残体，并清除田间杂草。②合理修剪，保持种植带内通风透光。建议夏果型树莓每亩留枝量控制在 2 500 株左右，秋果型树莓每亩留枝量控制在 5 000 株左右。③合理使用肥料，不偏施氮肥，防止植株徒长。④花前喷施 80% 代森锌可湿性粉剂 800 倍液，或等量式 200 倍波尔多液，或 75% 百菌清可湿性粉剂 500 倍液。

5. 树莓灰霉病 树莓灰霉病是对树莓产量影响最大的病害，主要危害花和果实。此病首先在开放的单花上出现，很快就传播到所有的花蕾和花序上，花蕾和花序被一层灰色的细粉尘物所覆盖，随后花、花托、花柄和整个花序变黑枯萎。果实感染后小浆果破裂流水，呈果酱状腐烂。湿度较小时，病果干缩成灰褐色浆果，经久不落。

【防治方法】 ①秋季清除枯枝、落叶、病果等病残体，集中烧毁；发现病菌后，立即深埋或烧毁。在生长季节摘除病果、病蔓、病叶，及时喷药养护，减少病菌再侵染的机会。②避免阴雨天浇水，加强通风、透光、排湿工作，使空气的相对湿度不超过 65%，可有效防止和减轻灰霉病。不偏施氮肥，增施磷钾肥，以提高植株自身的抗病性；注意操作卫生。

6. 树莓冻害 此病一般发生在早春，发病株表现为芽坏死，茎秆不发芽、不长叶片。冬季埋土不够厚和早春低温容易引发此病。

【防治方法】 ①为了防御冻害，宜根据当地温度条件，选用抗寒品种。②做好冬季埋土防寒是预防此病的关键，最佳季节为土地封冻前 10 天左右。③发病后应及时灌一次水，并及时松土保墒。对于失去发芽能力的枝条，需要及时补苗替换。

（二）虫　害

1. 金龟子 危害树莓的金龟子主要是白星花金龟子。成虫常群集危害，取食树莓的幼叶、芽、花和果实，尤其以成熟的树莓果实为主；也会在枝条或烂皮等处吸食汁液，树干周围分泌大量液体，影响树体生长。危害果实时，先咬破果皮然后钻食果肉，使果实失去商品价值。

【防治方法】　①用频振式杀虫灯诱杀金龟子成虫，每盏灯可覆盖 4 公顷果园。②利用成虫的假死性进行人工捕捉；利用幼虫个体较大、行动缓慢的特点，人工捕捉或养鸡鸭啄食。③糖醋液诱杀：主要是利用成虫的趋光性进行诱杀。一般酒、水、糖、醋的比例为 1∶2∶3∶4，加入 90% 敌百虫晶体 300～500 倍液，倒入广口瓶，挂在树上。每天定时收集成虫。

2. 柳蝙蝠蛾　柳蝙蝠蛾是危害树莓的主要害虫之一。以卵在树莓园内枯草丛、落叶下越冬，翌年 4～5 月份开始孵化。6 月中下旬幼虫进入新梢危害，蛀入口距地面 35～55 毫米，多向下蛀食。其钻蛀性强，尤其对幼树危害最重，轻者阻滞养分、水分的输送，造成树势衰弱，严重影响树莓第二年产量；重则主枝折断、干枯死亡。

【防治方法】　①及时清除园内杂草，集中深埋或烧毁。②成虫羽化前剪除被害枝集中烧毁。③花前或采后，喷施 2.5% 溴氰菊酯乳油 3 000～4 000 倍液，或 20% 氰戊菊酯乳油 2 000～3 000 倍液，或 5% 顺式氰戊菊酯乳油 2 000～3 000 倍液。

3. 茶翅蝽　茶翅蝽又叫臭椿象。成虫在树莓园附近的杂草、枯枝或石头下越冬，翌年 4～5 月份出蛰，6 月份产卵，7 月中下旬出现当年成虫。成虫和若虫刺吸树莓的嫩叶和果实，使叶皱缩卷曲，果面凹凸不平并产生褐色小点，形成畸形果，甚至腐烂，失去商品价值。

【防治方法】　①结合秋季清园，认真清除田间杂草，集中销毁。②在树莓园附近的空房内悬挂空纸箱、废旧纸袋等物，能吸引大批成虫过去越冬，翌年出蛰前集中销毁。③保护利用天敌。

第四章
蓝　莓

一、优良采摘品种

　　蓝莓品种可分为五大类：南高丛蓝莓品种群、北高丛蓝莓品种群、半高丛蓝莓品种群、兔眼蓝莓品种群、矮丛蓝莓品种群。世界各地的栽培种类以高丛蓝莓和兔眼蓝莓为主，野生种和由野生种选育出来的矮丛蓝莓种植较少。本书仅介绍高丛蓝莓和半高丛蓝莓品种群，其他品种群在此不做赘述。

（一）南高丛蓝莓品种群

　　1. 夏普蓝　1976 年佛罗里达大学发表的品种，由 Florida 61-5 和 Florida 63-12 杂交育成，中熟种。树势中强，树冠开张。果粒中大，甜度 BX 15%，酸度 pH 值 4，有香味。果汁多，适宜制作鲜果汁。果蒂痕小、湿。冷温需要量 150～300 小时。土壤适应性强，丰产。不适宜运输。

　　2. 佛罗里达蓝　1976 年佛罗里达大学发表的品种，由 Florida 63-20 和 Florida 63-12 杂交育成，中熟种。树势中等，树冠开张。果粒中大，甜度 BX 14%，酸度中等，有香味。果蒂痕小、干。冷温需要量 150～300 小时。果肉硬度中等，丰产。不适宜运输。

　　3. 奥尼尔　1987 年美国北卡罗来纳州发表的早熟品种。树势强，树冠开张。果粒大，甜度 BX 13.5%，酸度 pH 值 4.53。香

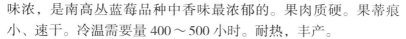

味浓，是南高丛蓝莓品种中香味最浓郁的。果肉质硬。果蒂痕小、速干。冷温需要量 400～500 小时。耐热，丰产。

4. 薄雾 1989 年佛罗里达大学发表的中熟品种。树势中等，树冠开张。果粒中大，甜度 BX 14%，酸度 pH 值 4.2，有香味。果蒂痕小、干。冷温需要量 200～300 小时。薄雾为南高丛蓝莓品种中最丰产种，属暖带常绿品种。

5. 徽王 1 号 2014 年由安徽农业大学选育。平均单果重 2.31 克，果面平滑，含可溶性固形物 12.7%、有机酸 1.82%。萌芽期比奥尼尔晚 3 天左右，与夏普蓝品种相当。初花期、终花期与园蓝、奥尼尔相近，比夏普蓝早 3～5 天。一般年份 5 月 25 日果实开始成熟，成熟期比夏普蓝早 5～7 天。该品种部分自交不亲和，配置授粉树可以获得大果、高产。授粉品种宜选择夏普蓝、园蓝等。

（二）北高丛蓝莓品种群

1. 蓝丰 美国新泽西州发表的中熟品种，是美国密歇根州主栽品种。树体生长健壮，树冠开张，幼树枝条较软。抗寒力强，抗旱能力是北高丛蓝莓中最强的。丰产且连续丰产能力强。果实大、淡蓝色，果粉厚，肉质硬，果蒂痕干，具清淡芳香味。果实未完全成熟时略偏酸，风味佳，甜度 BX 14%，酸度 pH 值 3.29，属鲜销优良品种。

2. 都克 美国农业部与新泽西州农业试验站合作选育。早熟品种。树体生长健壮、直立，丰产并且连续丰产能力强。果实中大、淡蓝色，果粉多，肉质硬，具清淡芳香风味，甜度 BX12%，酸度 pH 值 4.9，外形美观，果蒂痕中等大小、湿。都克属鲜果销售优良品种，建议作鲜食品种栽培，与蓝丰搭配栽种。

3. 达柔 美国晚熟品种。树势中等，树姿直立。果粒大至超大，甜度 BX 14%，酸度 pH 值 3.45，香味浓。果实的酸味有随着栽培地海拔高度增加而增强的趋势。果皮亮蓝色。果蒂痕大小及湿度均中等。裂果少，贮藏性差。

4. 埃利奥特 美国新泽西州发表的极晚熟品种。树势强。果粒中大，甜度 BX 12%，酸度 pH 值 2.96，有香味。果皮亮蓝色，果粉多。果肉硬，果实熟期集中，可以机械采收。

5. 晚蓝 美国新泽西州发表的晚熟品种。树势强，树姿直立。果粒中大，甜度 BX 12%，酸度 pH 值 3.07，香味浓。果皮亮蓝色，果粉多，果蒂痕中等、干。果肉硬，运输性好。极耐寒。

6. 布里吉塔 澳大利亚发表的晚熟品种。树势强，树高中等。果粒大，甜度 BX 14%，酸度 pH 值 3.30。果实香味浓，果味酸甜适中，是同一时期品种中果味最好的。果蒂痕小、干。该品种对土壤适应性强，是鲜果专用品种。

7. 塞拉 美国新泽西州发表的早熟至中熟品种。树势强，树姿直立。果粒大至极大，甜度 BX 14.5%，酸度 pH 值 3.7，有香味。果蒂痕小、干。该品种对土壤适应性强，易栽培，收获期长。

8. 莱格西 美国新泽西州发表的中熟至晚熟品种。树姿直立。果粒中至大，甜度 BX 14%，酸度 pH 值 3.44，有香味。果实甜中带酸，较受人喜爱，丰产性强。果实贮藏性好，便于运输。

9. 徽王 2 号 2014 年由安徽农业大学选育的品种，平均单果重 2.26 克，果面蜡质较厚，含可溶性固形物 11.4%、有机酸 3.18%。该品种萌芽期、初花期、终花期与布里吉塔相近，一般年份的 6 月 10 日前后果实开始成熟，成熟期比布里吉塔早 20 天左右。徽王 2 号自花结实率高，一般可以不配置授粉树。该品种与薄雾、灿烂等品种混栽，可以增大果粒、获得更高产量。

（三）半高丛蓝莓品种群

1. 北陆 美国密执安大学农业试验站选育，早熟品种。树体生长健壮，树冠中度开张，成龄树高可达 1.2 米。果实中大、圆形、中等蓝色，质地中硬。果蒂痕小、干。果实成熟期较为集中，风味佳。该品种抗寒，极丰产，是美国北部寒冷地区主栽品种。

2. 北蓝　美国明尼苏达大学育成的晚熟品种。树体生长较健壮，树高约60厘米。果实大、暗蓝色，肉质硬，风味佳，耐贮。该品种抗寒（-30℃），丰产性好，适宜北方寒冷地区栽培。

3. 北村　美国明尼苏达大学育成的早熟品种。树体中等健壮，约1米高。果实中大、亮天蓝色，口味甜酸，风味佳。此品种在我国长白山地区栽培表现出早产、丰产、抗寒等优点，可露地越冬，为高寒山区蓝莓栽培的优良品种。

4. 蓝金　美国明尼苏达大学选育的中熟品种。树体生长健壮，直立，分枝多，高80～100厘米。果实中大，天蓝色，果粉厚，果肉质地很硬，有芳香味，鲜食略有酸味。丰产性强，需通过重剪增大果个，通过修剪控制产量，单果重可达2克。此品种抗寒力极强，适宜北方寒冷地区作鲜食生产栽培。

二、栽培管理

（一）栽前准备

1. 园地选择　蓝莓为浅根系植物，适宜在有机质含量高的酸性土壤中生长，园址应选在土壤pH值4.5～5.5，土壤疏松、通气良好（最优的土壤孔隙度应大于50%），保水、排水良好的地块。不同品种对气候和土壤条件的要求略有不同。

园地应地势平坦（坡度≤15°），低洼地、风口地块均不宜栽植蓝莓。蓝莓是强喜光植物，园地宜设在光照充足的空旷区域。蓝莓既怕涝又怕旱，地下水位宜维持在0.35～0.55米。

2. 园土改良

（1）土壤pH值过高的调节　土壤pH值过高是限制蓝莓栽培的重要因素，常使蓝莓缺铁失绿，生长不良，产量降低甚至植株死亡。当土壤pH值大于5.5时就需要采取措施，最常用的方法是在定植前一年全园撒施硫黄粉或硫酸铝，土壤深翻15厘米混匀。据研究，每公顷土壤 pH 值由 5.9 降至 5 以下，需施硫黄粉 1 300 千克，效果可维持 3 年以上。若施用硫酸铝，则用量为硫黄粉的 6 倍。此外，土壤中掺酸性草炭、施酸性肥料、覆盖锯末或烂树皮等都能降低 pH 值。硫黄粉与草炭混合施用效果更佳。

（2）**土壤 pH 值过低的调节**　当土壤 pH 值低于 4 时，会因重金属元素过量而造成蓝莓中毒，使其生长不良甚至死亡，因此需要提高土壤 pH 值。常用方法是撒石灰，据试验，每公顷土壤施用石灰 8 000 千克可使 pH 值由 3.3 增至 4 以上。石灰最好是在定植的前一年结合深翻和整地同时施用，深翻的深度为 45～50 厘米。

（3）**改善土壤结构及增加有机质**　当土壤有机质含量低于 5% 时，需增施有机质或河沙改善土壤结构。常在定植前把锯末、草炭、烂树皮或腐苔藓掺入土壤。

（二）定植技术

大田苗在春季和秋季均可栽植。北方地区最好在春季芽萌动前栽植，若在秋季栽植而冬季管理不当，则苗木容易遭受冻害抽条。如果是容器苗，那么一年四季均可栽植，但栽植时要注意不要伤根。为获得较高的产量和经济效益，一般蓝莓品种栽植后每 6～8 年就应该重新更换苗木。

1. 挖定植穴　栽植前，需要挖定植沟或穴：定植沟宽 50 厘米、深 45～50 厘米；定植穴直径 50 厘米、深度 45～50 厘米。开沟比挖穴更有利于排水。若坡度很小，则定植沟须东西走向或与坡度方向一致，这样既便于排水，又能减少水土流失的发生。

在定植沟或穴中掺入 1/3 泥炭或腐熟的绿肥、碎树皮、干草、锯末等，禁用秸秆和谷糠。下层也可以预施少量饼肥，每穴不要超过 0.25 千克。下层的肥料要与土壤充分混合，上面盖一层土，栽苗前将下层混合物用水淋湿。

2. 株行距　栽植蓝莓的行间距离因品种、土地状况和管理方式而异。一般高丛蓝莓的行距是 2～2.5 米，若考虑到机械作业，则需扩大到 $2.5\sim3$ 米。兔眼蓝莓的株行距较北高丛蓝莓大一些，为 $2.5\sim3$ 米。即使是植株较小的矮丛蓝莓和一些半高丛、南高丛蓝莓的种植行距也要保持 $1.5\sim2$ 米，以便于作业管理。一般在较贫瘠的土壤上种植株距可小一些，在较肥沃的土壤上则可大一些。北高丛蓝莓的株距一般在 $1\sim2$ 米，南高丛和半高丛蓝莓的株距在 $1\sim1.5$ 米。

3. 授粉树配置 高丛蓝莓、兔眼蓝莓需要配置授粉树，即使是自花结实的品种，配置授粉树也能提高坐果率，增加单果重。通常选择两个花期一致的品种混栽。配置方式采用主栽品种与授粉品种 $1:1$ 或 $2:1$ 的比例栽植，即 1 行栽 1 个品种，下一行栽另一个品种，或是 1 个品种栽 2 行，紧接着另一个品种栽 1 行。

4. 定植方法 新发展的蓝莓园一般选用 $2\sim3$ 年生的苗木，苗木高度因品种而异，一般要在 30 厘米以上；根系发达，容器苗的根系基本长满容器，且地上枝条健壮。

栽植前，将苗木从容器中取出，观察根系情况，轻轻抖去中间的土壤，将根系理顺，使其分布均匀。裸根苗要将根系展开后再栽植。为防止烧根现象发生，栽植时要避免肥料直接接触苗木根系。回填土一定要用松散、细软的壤土。根系覆盖后，向上轻轻提起少许，以便使根系与周围土壤充分结合，继续回填至与地面相平。覆土基本完成后立即浇水，水一定要灌透。待表面的明水彻底渗入土层后，再在表层覆盖一层 10 厘米厚的较干的松散土壤，以防表层干裂。栽植过程中不必用脚踩实或用工具捣实土壤。

5. 栽后管理 蓝莓栽植后 2 个月内不要追施速效肥。蓝莓根系浅，非常容易发生干旱，生产中可根据实际墒情适时灌溉。蓝莓栽植第一年要特别注意清耕杂草，可在蓝莓根际覆盖一层黑色地膜，既保墒又可防止杂草丛生。第二年的施肥量是第一年的 $1.5\sim2$ 倍，可在春季发芽后的 $3\sim4$ 月份施一次肥，每株施农家肥 1 千克，或硫酸钾型复合肥 50 克；6 月份生长旺季追施第二次肥，每株可施硫酸钾型复合肥 80 克，在距离植株根部 50 厘米之外环施或放射状沟施。否则，植株会过早进入结果期，树势易削弱。

（三）土肥水管理

蓝莓根系纤细、没有根毛，且分布较浅，因此要求土壤疏松、透气。土壤管理的主要目标是创造适宜根系发育的良好土壤条件。

1. 土壤 pH 值的调节 当土壤 pH 值高于 5.5 时，可通过施用硫黄粉来降低 pH 值。目前，该方法已被国内外普遍采用。硫黄粉的作用较为缓慢，施入土壤后，需要 40～80 天才能起到调节土壤 pH 值的作用，一般在定植前半年到一年进行。Galletta 等列出了沙土、壤土和黏壤土在原土壤 pH 值不同的情况下将 pH 值调节至 4.5 时每株所需的硫黄粉用量。调整局部土壤 pH 值可采取在种植穴内施入硫黄粉的方法，种植穴直径 60 厘米、深度 50 厘米，硫黄粉的参考用量如表 4–1。全面调整土壤 pH 值需对全园施用硫黄粉，将硫黄粉均匀地撒在土壤表面，并结合深翻拌入土壤内，其参考用量见表 4–2。用硫黄粉调节土壤 pH 值的计算见表 4–3。

表 4–1　调节土壤 pH 值至 4.5 时每株的硫黄用量　（千克 / 株）
（Galletta 等，1990）

土壤原始 pH 值	土壤类别		
	沙　土	壤　土	黏壤土
5	0.0437	0.132	0.2
5.5	0.0875	0.262	0.4
6	0.132	0.385	0.577
6.5	0.165	0.505	0.757
7	0.21	0.638	0.957
7.5	0.25	0.76	1.14

表 4-2　调节土壤 pH 值至 4.5 时的每公顷硫黄用量（千克 / 公顷）

（Galletta 等，1990）

土壤原始 pH 值	土壤类别		
	沙土	壤土	黏壤土
5	196.9	596.2	900
5.5	393.8	1181.2	1800
6	569.2	1732.5	2598.7
6.5	742.5	2272.5	3408.7
7	945	2874.4	4308.7
7.5	1125	3420	5130

表 4-3　用硫黄粉调节土壤 pH 值计算表（Paul 等，1990）

现土壤 pH 值	每 100 米² 调节 pH 值施硫黄粉量（千克）															
	4.0		4.5		5.0		5.5		6.0		6.5		7.0		7.5	
	沙土	壤土	沙土	壤土	沙土	壤土	沙土	壤土	沙土	壤土	沙土	壤土	沙土	壤土	沙土	壤土
4	0	0														
4.5	1.95	5.86	0	0												
5	3.91	11.73	1.95	5.86	0	0										
5.5	5.86	17.1	3.91	11.73	1.95	5.86	0	0								
6	7.33	22.48	5.86	17.1	3.91	11.73	1.95	5.86	0	0						
6.5	9.29	28.24	7.33	22.48	5.86	17.1	3.91	11.73	1.95	5.86	0	0				
7	11.24	33.71	9.29	28.34	7.33	22.48	5.86	17.1	3.91	11.73	1.95	5.86	0	0		
7.5	13.19	39.09	11.24	33.71	9.29	28.34	7.33	22.48	5.86	17.1	3.91	11.73	1.95	5.86	0	0

　　注：沙土：pH 值 4.5 以上时每 100 米² 降低 0.1 个 pH 值需施硫黄粉 0.367 千克；壤土：pH 值 4.5 以上时每 100 米² 降低 0.1 个 pH 值需施硫黄粉 1.222 千克。例如，沙土 pH 值从 5.8 降至 4.5，则 5.8 - 4.5 = 1.3，即 13 个计算单位；13 × 0.367 = 4.77 千克，即每 100 米² 的土壤 pH 值从 5.8 降至 4.5 需施硫黄粉 4.77 千克。

实际应用中，生产者还要考虑施入的草炭土、有机肥和有机物料等对土壤 pH 值的影响。当土壤中 pH 值低于 4 时，会导致植株生长不良，产量降低甚至死亡，所以必须增加土壤 pH 值。提高土壤 pH 值最有效的方法是施入生石灰。

2. 施肥 蓝莓果树对肥料要求严格，且属于寡营养嫌钙植物，同时，它又喜铵态氮，土壤中钠、氯、硝态氮等离子过多对树体生长有毒害作用。因此，在栽培中必须满足其对营养的需求才能达到持续高产优质的目的。

（1）施肥原则 ①以有机肥为主，化肥为辅。②施足基肥，合理追肥。③科学配比，平衡施肥。④抓住关键时期施肥，周年施肥中应抓萌芽期、采收后和休眠期 3 个时期。⑤禁止和限制使用的肥料主要包括城市生活垃圾、污泥、城乡工业废渣，以及未经无害化处理的有机肥料、不符合相应标准的无机肥料等。禁止使用含氯肥料。

（2）施肥方法 具体的施肥方法要根据树体状况和土壤肥力情况来确定。

①基肥 主要有环状施肥法、条状沟施肥法、全园撒施后翻土法 3 种。

环状施肥法：幼树施肥宜用此法。具体方法：以树干为中心，在树冠垂直投影边缘挖宽 20～30 厘米、深 15～20 厘米的沟施入。生产中应注意，切忌将肥料集中倒入沟中，而应分层撒施。

条状沟施肥法：盛产大树宜用此法。即在蓝莓树行间树冠垂直投影边缘挖条状沟，将肥料与土混匀后施入沟内。

全园撒施后翻土法：盛产蓝莓园宜用此法。把肥料均匀撒在园中，结合秋耕深翻 10～20 厘米，将肥料翻入地下，但要注意在靠近树体处不宜施过多肥料。施肥时尽量不要伤害根群，尤其是 6～7 月份的新根。

②追肥 追肥以滴灌施肥为主，可在萌芽期、膨果期及采

果后等几个时期分次随浇水施肥。滴灌肥所用的化肥原料必须溶解度大、杂质含量低。肥料混用时注意肥料匹配性，防止产生沉淀，微量元素以螯合态为好。

滴灌施肥时先确定施用何种肥料以及每种肥料的最适用量。选择好肥料后，将预先计算好的肥料放入肥料罐中，充分溶解成母液，再把母液注入滴灌系统，使其在管道中和灌溉水充分混匀，最后通过滴头准确地施入蓝莓根际土壤。施肥时期、肥料浓度可根据土壤类型、基础肥力、土壤含水量、生长期等因素适当调整，一般浓度以 0.3% 左右为宜。

③根外追肥　是指将肥料喷洒在树体上，应抓好落叶前和萌芽前两个时期：落叶前补尿素、萌芽前补锌。花期喷氮肥和硼肥，坐果后补钙，果实膨大期以喷磷钾肥为主。叶面肥喷施应选择气温 18～25℃ 的阴天或晴天的早晨或下午进行，树叶正反面都要喷到，并注意不同肥料的匹配性，防止反应产生沉淀影响肥效。

（3）**施肥种类**　施肥量应根据树龄、树势、产量及土壤条件确定，盛产蓝莓园每产 1 000 千克果实，约需吸收纯氮 4 千克、五氧化二磷 1.2 千克、氧化钾 4.8 千克，氮、磷、钾比例大体为 1：0.3：1.2。对于高产蓝莓园，应注意防止过量施肥，过量施肥容易造成减产，使植株生长受到抑制甚至死亡；而不施肥会导致不成花或花芽秕、果品质量差、产量低。

施肥以有机肥为主，配施化肥。盛产蓝莓园一般每年每亩纯氮施用量控制在 12 千克以内，有机肥用量以每千克果施 1～2 千克为宜。施肥种类可按以下原则进行：当土壤 pH 值＞5.2 时，以硫酸铵作氮源；当土壤 pH 值＜5.2 时，以尿素作氮源。生产中要禁止施用硝态氮，以免对蓝莓造成伤害。同时，蓝莓属忌氯果树，要禁用氯化铵和氯化钾。钾肥一定要使用硫酸钾或硫酸钾型复合肥。掌握以下原则：幼树少施，大树多施；结果少的少施，挂果多的多施；树势旺的少施，树势弱的多施；早熟品种前期多施、后期少施，晚熟品种前期少施、后期多施。表4-4是由美国俄勒冈州立大学杨伟强博士提供的美国蓝莓生产中的施肥标准，供参考。

表4-4　不同蓝莓树龄施肥量

树　龄	施氮量（克/株）	施磷量（克/株）	施钾量（克/株）
1	10	1	3
2	10	2	4
3	20	4	10
4	25	5	13
5	32	7	16
6	40	10	20
7	45	12	23
8	50	14	25

注：本表中的施肥量指的是纯氮、纯磷、纯钾的用量，生产中使用时需要根据含量计算出肥料的施用量，树龄指苗木定植后的年龄。

（4）常见营养缺素症

①缺铁失绿症　蓝莓常见的营养失调症，其主要症状是叶脉间失绿，严重时叶脉也失绿，新梢上部叶片症状较重。引起缺铁失绿的主要原因是土壤pH过高、有机质含量不足等。最有效的方法是施用硫酸亚铁和硫酸铵，若结合土壤改良掺入酸性草炭，则效果更好。叶面喷施0.1%～0.3%螯合铁效果也非常好。

②缺镁症　浆果成熟期叶缘和叶脉间失绿，主要发生在生长迅速的新梢老叶上，之后失绿部位变黄，最后呈红色。缺镁症可通过对土壤施氧化镁或硫酸镁来矫治。

③缺硼症　其症状是花芽非正常开绽，顶芽萌发几周后枯萎，变暗棕色，最后顶端枯死。引起缺硼症的主要原因是土壤水分不足。充分灌水、叶面喷施0.3%～0.5%硼砂溶液即可矫治。

3. 水分管理 水是蓝莓的重要组成部分，其鲜果含水量为80%～90%。蓝莓无主根，根系由许多没有根毛的纤维根组成，主要集中分布在20厘米以内的土壤中，吸收能力弱，因此蓝莓的耐旱性和耐涝性也相对较差。

（1）**水源和水质** 比较理想的水源是地表池塘水或水库水。深井水往往 pH 值过高，而且钠离子和钙离子含量高，长期使用会影响蓝莓的生长和产量。

（2）**适时浇水**

①花前水 在蓝莓萌芽期至开花期，植株地上部开始萌动，根系逐渐解冻、生长，这个生长阶段在全生育期内所占时间较短，但对补充土壤水分，促进萌芽、开花和坐果极为重要。萌芽期至谢花期，土壤相对含水量宜控制在 60%～65%。

②膨果水 此期新梢迅速生长，果实开始膨大，是全年需水量最大的时期，应及时补充水分。但采收期大量浇水会降低果实品质及其耐贮运性。果实膨大期土壤含水量宜控制在 70%～75%，果实变色期至成熟期则宜控制在 60%～65%。

③封冻水 在土壤封冻前应浇透封冻水，有利于树体越冬和翌年春季萌发、开花、结果等。

（3）**浇水方式**

①喷灌 固定或移动的灌溉系统是蓝莓园常用灌溉设备。喷灌的特点是可以预防或减轻霜害。在新建果园中，新植苗木尚未发育，吸收能力差，最适合采用喷灌方法。

②滴灌和微喷灌 近年来滴灌和微喷灌的应用越来越多。这两种灌水方式投资中等，但供水时间长、水分利用率高。水分直接供给每一树体，流失、蒸发少，供水均匀，可在生长季长期供应，很适应小面积栽培或庭院栽培使用。与其他方法相比，滴灌和微喷灌能更好地保持土壤湿度，不致出现干旱或水分供应过量情况，蓝莓产量和单果重也明显增加。

利用滴灌和微喷灌时需注意两个问题：一是滴头或喷头应在

树体两侧都有，确保整个根系都能获得水分，如果只在一面滴水则会使树冠及根系两侧发育不一致，从而影响产量；二是灌水需要净化处理，避免堵塞。

（四）花果管理

营养生长和生殖生长是植物生长周期中的两个不同阶段，通常以花芽分化作为生殖生长开始的标志。生殖生长需要以营养生长为基础，花芽必须在一定营养生长的基础上才分化。生殖器官生长所需的养料，大部分是由营养器官供应的，营养器官生长不好，生殖器官自然也不会好。在果树生产中，应适当疏花、疏果，使营养平衡并有积余，以便年年丰产，消除"大小年"现象。

1. 开花前管理

（1）花前修剪　蓝莓疏花不像苹果、梨等一朵朵地疏，而是根据估计产量，在花前疏除过长结果枝上的过多花芽，一般中庸结果枝留3～4个花芽。根据需要，疏除病弱花、畸形花、过密花等。

（2）花前施肥　在花芽膨大期结合浇水施用花前肥，以氮肥为主，配施磷钾肥。一般盛果期的蓝莓树施纯氮肥2千克/亩为宜。

（3）花前喷硼肥　在开花前对枝梢部细致喷施0.2%硼砂或禾丰硼1500倍液1～2次，可增强花期抗逆性，促进花芽发育，提高授粉结果率。

（4）病虫害防治　花前主要防治蚜虫。可用10%的吡虫啉可湿性粉剂1000倍液或菊酯类农药在开花前喷雾防治。

2. 开花授粉期管理

（1）授粉　蓝莓自花结实能力较差，需要进行辅助授粉。蓝莓授粉常用蜜蜂和熊蜂，当蓝莓有花开放时就会有昆虫前来，若授粉昆虫不足，可以人工放蜂，当80%的花落时即可移走蜂箱，剩余的花会因授粉不良自行脱落，从而使果实成熟期更一致。在用蜜蜂辅助授粉时，前期花量少，可对蜜蜂饲喂糖水〔白砂糖：水＝1：（0.5～0.7）〕，每2～3天换一次糖水。盛花期可以中断饲喂，之后继续。蜂箱位置要固定，否则蜜蜂找不到巢穴，易被夜晚的低温冻死。

（2）**追肥** 花期追施酸性硼镁肥，每株3～5千克。

3. 花后管理

（1）**适时浇水施肥** 开花后要及时结合浇水施膨果肥。施肥以磷钾肥为主，配施氮肥，一般氮肥施用量控制在3千克/亩为宜。禁用硝态氮和含氯的肥料。

（2）**病虫害防治** 大棚栽培的蓝莓易受灰霉病危害，可以通过以下措施预防：①在败花期的下午震动枝条使花瓣脱落，分期、分批及时摘除粘连在幼果上的残留花瓣和柱头；②及时摘除病果、病花、病叶和病枝，在开花前后各喷一次3亿CFU/克木霉菌可湿性粉剂500倍液进行预防。

4. 促进花芽分化 各品种蓝莓的花芽分化期不同，矮丛蓝莓和高丛蓝莓在7～8月份开始分化，到9月底至10月初花芽分化已经完成。蓝莓一年中要有160天以上的生长期，要求一段时间的低温，但各品种蓝莓要求低温时期的长短有所不同：高丛蓝莓需要≥850小时、≤7℃的低温才能顺利通过休眠，有些品种则需要≥1000小时；南高丛蓝莓需要的低温期更短，一般≥200小时就能正常丰产。无论哪种蓝莓，只要低温时间不能得到满足，就会影响其芽的萌发，导致萌芽期延长、花芽萌发少、开花不齐、花期延长。

充足的肥水利于蓝莓树体的生长，但对花芽的形成有抑制作用，所以在花芽形成期少施或不施肥料，保证充足的光照即可。

5. 果实管理

（1）**果实膨大** 蓝莓的果实为单果，开花后约两个月成熟，成熟果实多数呈蓝色。蓝莓花朵受精后，果实迅速膨大，约30天膨大慢慢停止，果实保持绿色，体积仅稍有增加；随着果皮和皮下组织色素含量的增加，果实进入变色期，之后逐渐加深，直到达到果实固有颜色，此时果实体积又一次迅速膨大，直径可增加 50% 左右。果实固有颜色形成后，可溶性固形物含量会上升，果个会增大，并且风味明显变好。

（2）促进果实着色　蓝莓果实着色需要充足的阳光，但是不能曝晒，密植园枝叶相互遮阴，不需采取过多措施。普通园可根据需要搭遮阳网，以调节果实成熟时期，避免晒斑。

（五）整形修剪

修剪是蓝莓管理中一项十分重要的技术措施，合理修剪可以促进良好树体结构的形成，便于培养丰产树形。修剪的目的和作用是通过调节生殖生长与营养生长的矛盾，解决树体通风透光问题，增强树势，改善品质，增大果个，提高商品果率，延长结果年限和树体寿命，从而使幼树快速成形、结果期树长期优质丰产。

1. 修剪依据和原则　修剪中要掌握的依据和原则：维持壮枝、壮芽和壮树结果，达到好品质和中高产量（不是最高产量），并防止过量结果。

2. 修剪时间　蓝莓修剪一般在枝条的休眠期进行。北方寒冷地区在早春时期修剪较好，而气候温暖的南方地区，则可以在夏季采收后和冬季休眠期进行。

3. 修剪方法　蓝莓的修剪方法主要有平茬、回缩、疏剪、剪花芽、疏花、疏果等，不同修剪方法其效果也不同。在修剪过程中使用哪种修剪技术，要根据修剪的品种、树龄、枝条量、花芽量来确定。

4. 花芽位置　蓝莓的花芽着生在结果枝条的上部，不同品种着生的节位也有所不同，一般着生在顶部到 3～10 个节位的位置，花芽形成能力强的品种甚至可达到 15 个以上的节位。

5. 整形修剪

（1）幼树修剪　幼树修剪以去花芽为主。幼树期是构建树体营养面积的时期，栽培管理的重点是促进根系发育、扩大树冠、增加枝量。幼树定植后 1～2 年就有花芽，但若开花结果则会抑制营养生长，延缓树冠形成时期和减少枝量增加，推迟果园达到丰产的时间。定植后第二年、第三年的春天，疏除弱小枝条；第三年、第四年应以扩大树冠为主，可适量结果，一般第三年株产应控制在 0.5 千克左右。

定植后 1～2 年的任务：疏除所有细弱枝、下垂枝（从基部疏除）、交叉枝和老枝条，选留 2～3 个生长强壮的 1 年生基生枝，采用短截或撸花芽方式去掉所有花芽。

定植后 3～4 年的任务：疏除所有细弱枝、下垂枝条（从基部疏除）、交叉枝、病死枝和枯萎枝，3 年生以上枝条再回缩到具有强壮枝条的部位，应该有 3～5 个强壮的基生枝利用强壮枝条结果，一般 3 年生树根据树体生长势剪留 50～100 个强壮花芽，产量控制在 0.5 千克左右，4 年生树花芽选留 100～150 个，产量控制在 1 千克左右。

（2）成龄树修剪 成龄树应每年进行常规修剪。高丛蓝莓进入成年期后，内膛易郁闭，修剪以疏枝为主，疏除过密枝、斜生枝、细弱枝、病虫枝及根系产生的分蘖，老枝回缩更新，以改善光照条件。对开张型品种，剪除下部的放射状枝，去弱枝留强枝；对直立型品种，疏除中心部位的枝，开天窗，以便树冠开张。老枝须回缩更新，弱小枝可采用抹花芽的方法使其转壮。成年树花量大，通常要剪去一部分花芽，一般每个壮枝剪留 2～3 个花芽为宜。

成龄树修剪不当或不修剪都会影响产量稳定，减少丰产年限。如果对树体的中庸枝或稍微强壮枝进行无规则的短截，那么会连带疏去枝条上大部分甚至所有高质量的花芽，从而在第二年长出大量新枝，这些同龄的基生枝会同时衰老，导致减产。如果想要剪掉减产的基生枝，那么整个树体几乎都要被剪掉，同时还没有幼年枝条补充产量的缺失。因此，不合适的修剪或短截会使营养供应分散和通风透光不良，最终导致产量极不稳定。另外，蓝莓生长过程中不正确的摘心，特别是对所有生长中庸的新梢摘心，会使很多细弱枝条萌发，不仅影响树体通风透光，而且分生枝条上花芽分化严重不良，影响果实品质和果园产量。

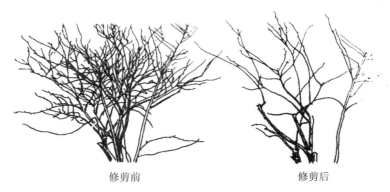

修剪前　　　　　　　　　　　　修剪后

图 4-1　高丛蓝莓结果树的修剪示意图 （Cough，1994）

（3）更新复壮　多年不修剪或者定植多年的植株，地上部会衰老，必须进行全树更新，使其恢复树势。

第一，剪除大部分枝条，只保留几个有产量的枝条，第二年会长出大量新枝。此后每年必须对新枝进行疏剪，直到建立起丰产的新老枝条比例。

第二，齐地平茬，一般不留桩，若留桩则最高保留 2.5 厘米。全树更新后从基部萌发新枝，更新当年没有产量，但第三年产量可比未更新的树提高 5 倍以上。此方法操作简便。

复壮老龄植株时，先剪除 1～2 个老基生枝，保留 5～6 个健壮基生枝；第二年待新基生枝长出后，移除基生枝总数的 20%；翌年保留 2～3 个新的基生枝，继续移除 20% 的老基生枝。植株最终会变得更加丰产，基生枝数量会减少，树体大小也会变小。

对于管理条件较差的老龄植株，可以通过齐地平茬实现复壮，具体方法是紧贴地面用圆盘锯将其全部锯掉。此法对于枝条较细、树势强健的品种效果较好。

三、主要病虫害防治

（一）病 害

1. 根癌病 蓝莓根癌病是一种毁灭性的细菌性病害。发病早期表现为根部出现小的、表面粗糙的白色或者肉色瘤状物。始发期一般为夏末或者夏初，之后根癌处颜色慢慢变深、增大，最后变为棕色至黑色。根癌病影响植株根部吸收，易造成植株营养不良，发育受阻。

【防治方法】 ①选择健壮苗木栽培，剔除染病幼苗。②加强肥水管理。③挖除病株。发病后要彻底挖除病株并集中处理。挖除病株后的土壤用 10%～20% 农用链霉素或 1% 波尔多液进行消毒。④铲除树上大瘿瘤，伤口进行消毒处理。⑤用 0.2% 硫酸铜、0.2%～0.5% 农用链霉素等灌根，每 10～15 天 1 次，连续2～3 次。也可采用 K84 菌悬液浸苗或在定植或发病后浇根，均有一定的防治效果。

2. 灰霉病 灰霉病是对蓝莓产量影响最大的病害，各蓝莓产区均有发生。其发生的严重程度与气候条件和品种关系密切。花和果实发育中期最容易感染此病。果实感染后小浆果破裂流水，呈果酱状腐烂。湿度较小时，病果干缩成灰褐色浆果，经久不落。

【防治方法】 ①选用较抗病的品种。②注意冬季清园。③可于开花前至始花期和谢花后喷 50% 腐霉利 1500 倍液，或 40% 嘧霉胺 800 倍液；也可在花前喷 50% 代森铵 500～1000 倍液，或 50% 苯菌灵可湿性粉剂 1000 倍液。果期禁止喷药，以免药剂污染果实，造成农药残留。

3. 僵果病　蓝莓僵果病是蓝莓生产中发生最普遍，危害最严重的病害之一。该病主要危害生长中的幼嫩枝条和果实，导致幼嫩枝条死亡，进而影响蓝莓产量。感病的花变成灰白色，类似霜冻症状。感病叶芽从中心开始变黑，枯萎死亡。

【防治方法】　①冬季清园。②春季开花前浅耕土壤，土壤施用尿素有助于减轻病害的发生。③可以根据该病的发生阶段使用不同的药剂：早春喷施 0.5% 的尿素可以减少僵果量；开花前喷施 50% 腐霉利可湿性粉剂 1500 倍液可以控制生长季发病，或选用 70% 代森锰锌可湿性粉剂 500 倍液，或 70% 甲基硫菌灵可湿性粉剂 1000 倍液，或 50% 多菌灵可湿性粉剂 1000 倍液，或 40% 菌核净可湿性粉剂 1500～2000 倍液。

4. 病毒病　目前发现多种病毒可侵染蓝莓并引发病毒病，如蓝莓花叶病毒、蓝莓带化病毒、烟草环斑病毒等。蓝莓花叶病毒会引起叶片褪绿、黄化，有时也在叶片上出现淡红或白色斑驳。症状在植株上分散，有时几年后才显示病症。病毒病会导致果实成熟期延长，严重影响果实的产量和品质。蓝莓带化病毒主要靠蚜虫传播，在叶片上出现细长的淡红色条纹，花期部分花瓣出现淡红色条纹，导致叶片呈鞋带状或新月状卷曲，枝条大量死亡。烟草环斑病毒导致叶片出现坏死环斑，使叶片穿孔、脱落。病毒病会使叶片畸形，植株矮化、死亡，它主要通过土壤中的线虫进行传播。

【防治方法】　①田间选用脱毒砧木，销毁感染植株。②栽植蓝莓前对土壤进行消毒，选用抗病品种。

5. 贮藏性腐烂病　该病是蓝莓采后贮藏的一种常见病害，多缘于生长季时植株带菌，采摘和贮藏期间会使果实腐烂。蓝莓贮藏期的病害主要症状为果实表面产生灰色或黑色霉层，果实变软、凹陷，尤其是有伤口的果实，腐烂速度会更快。

【防治方法】　①合理栽培。增施有机肥和磷钾肥，后期严格控制氮肥的使用，采前半个月停止灌水。②合理负载，加强病虫害的综合防治。此外，采前喷钙可以增加果实中的钙含量，保持果实的硬度，增强果实的耐贮性，提高果实的抗病能力。浆果含钙水平是决定其耐贮性的一个因素。③适期采收，避免碰伤果实。④果实贮藏前消毒杀菌、贮藏期作抑菌处理。⑤经常检查制冷系统，看是否有氨气泄漏，若有要尽快打开库房换气，喷水洗涤空气，也可引入二氧化硫中和氨气，二氧化硫浓度不可高于1%。

（二）虫　害

1. 小青花金龟　小青花金龟（*Oxycetonia jucunda* Faldrmann）又名小青花潜，属鞘翅目花金龟科。虫口密度大时，常造成毁灭性灾害。成虫主要取食花蕾和花，数量多时，常群集在花序上，将花瓣、雄蕊及雌蕊吃光，导致植株只开花不结果。成虫也啃食果实，吮吸果汁。

【防治方法】　①以防治成虫为主，最好联防，即在春、夏季开花期对其捕杀，必要时在树底下张单振树，将虫集中杀死。②结合防治其他害虫喷药，药剂可选用25%喹硫磷乳油1 000倍液，或16%顺丰3号乳油1 500倍液。

2. 苹毛丽金龟　苹毛丽金龟（*Proagopertha lucidula* Faldermann）属鞘翅目丽金龟科。成虫喜食蓝莓花朵和嫩果实，也取食蓝莓幼嫩枝条和叶片，主要分布于华北、东北等地。成虫喜群集在一起取食，通常将一株树上的花或梢端的嫩叶全部吃光后才转移危害。有时1头成虫可在1株树上连续取食2～3天。

【防治方法】　发生量较大时，在开花前2～3天喷施75%辛硫磷乳油1 000倍液，消灭上树的害虫。

3. 琉璃弧丽金龟　琉璃弧丽金龟（*Popillia flavosellata* Fairmaire）又名琉璃金龟子，属鞘翅目丽金龟科，分布范围广，危害较重。成虫喜食蓝莓花蕊或嫩叶，有时一朵花有成虫10余头，成虫先取食花蕊后取食花瓣，影响花朵授粉和结实。幼虫危害植株地下根部。

【防治方法】 ①利用金龟子的假死习性，傍晚在树盘下铺一块塑料布，摇动树枝，然后迅速将振落在塑料布上的金龟子收集起来，进行人工捕杀。②杨树把诱杀异地迁入成虫：取长约 60 厘米的带叶杨树枝条，将其一端捆成直径约 10 厘米的小把，在 50% 辛硫磷乳油或 4.5% 高效氯氰菊酯乳油 200 倍液中浸泡 2～3 小时，挂在 1.5 米长的木棍上，于傍晚分散安插在果树行间及果园周围，利用金龟子喜食杨树叶的特性诱杀异地迁入的成虫。

4. 墨绿彩丽金龟 墨绿彩丽金龟（*Mimela splendens* Gyllenhal）又名亮绿彩丽金龟，属鞘翅目丽金龟科，以成虫取食、危害花蕊和嫩叶。

【防治方法】 ①处理树盘。4 月中旬于金龟子出土高峰期用 50% 辛硫磷乳油或 40% 毒死蜱乳油等有机磷农药 200 倍液喷洒树盘土壤，这是防治措施的关键。②撒毒饵杀成虫。于 4 月份成虫出土危害期，用 4.5% 高效氯氰菊酯乳油 100 倍液拌菠菜叶，撒于果树树冠下，每平方米撒 3～4 片，作为毒饵毒杀成虫，连续撒 5～7 天。③在金龟子危害盛期，用 10% 吡虫啉可湿性粉剂粉剂 1 500 倍液，或 40% 毒死蜱乳油 1 000 倍液于花前、花后的树上喷药防治，喷药期间为下午 4 时以后，即金龟子活动危害时。④人工捕杀成虫。⑤杨树把诱杀异地迁入成虫，具体同琉璃弧丽金龟。⑥灯光诱杀。在园内安装黑光灯，在灯下放置水桶，将落在水中的金龟子捕杀。⑦趋化诱杀。在果园内设置糖醋液诱杀罐对害虫诱杀。⑧合理施肥。不施未腐熟的农家肥，以防金龟子产卵。

5. 美国白蛾 美国白蛾（*Hyphantria cunea* Drury）属鞘翅目灯蛾科。美国白蛾是世界性的检疫害虫。幼虫有结织白色网幕群居的习性，1～3 龄幼虫群集取食寄主叶背的叶肉组织，留下叶脉和上表皮，使被害叶片呈白膜状；4 龄幼虫开始分散，不断吐丝将被害叶片缀合成网幕，网幕随龄期增大而扩展；5 龄后幼虫食量大增，被害叶片仅留主脉和叶柄。

【防治方法】 ①用 Bt 乳剂（100 亿活孢子 / 毫升）150～200
倍液喷雾防治。②在幼虫 3 龄前发现网幕后进行人工剪除，并集
中处理。若幼虫已分散，则在幼虫下树化蛹前采取树干绑草的方
法诱集下树的幼虫，定期集中处理。③黑光灯诱杀：一盏黑光灯
可控制 60 亩地。④药剂选用 Bt 乳剂 400 倍液，或 2.5% 溴氰菊
酯乳油 2 500 倍液，或 80% 敌敌畏乳油 1 000 倍液，或 5% 顺式
氰戊菊酯 4 000 倍液喷药防治，均可有效控制此虫。

第五章
樱　桃

甜樱桃田间管理较简单，生产成本低，果品经济效益高。北方露地栽培一般 3～4 年结果，5～6 年进入盛果期，产量高者可达 1 000～1 500 千克/亩，优质果品售价高达 20～40 元/千克。设施栽培的甜樱桃可提早 20～40 天成熟，每年 3 月底至 4 月下旬上市，价格高达 100～300 元/千克。此外，随着旅游业的发展，各地还出现了观光采摘的甜樱桃园，其生产效益和经济效益也较高，被果农视为"摇钱树""发财树"。

甜樱桃适合在年降水量 600～700 毫米、年均气温 10～12℃、年日照时数 2 600～2 800 小时以上的气候条件下生长。日平均气温 >10℃ 的时间在 150～200 天，冬季极端最低温度不低于 -20℃ 的地方都能生长良好，正常结果。若当地有霜害，樱桃园地可选择在春季温度上升缓慢，空气流通的西北坡。樱桃根系分布浅易倒伏，园地以建在不受风害地段为宜，土壤以土质疏松、土层深厚的沙壤土为佳。

一、优良采摘品种

（一）红　灯

淡红或鲜红色果实。5 月中下旬成熟。果实肾形，平均单果重9克左右,最大果重达10～12克。外观全面淡红色或鲜红色,有光泽,果肉淡黄,肥厚,质地较硬,多汁,味酸甜;含可溶性固形物17%、总糖14%、可滴定酸0.153%、维生素C 16.89毫克/百克;品质优,果核半离,果梗短,可食率92.9%。果实成熟期遇雨易裂果,耐贮运,货架寿命较长。树势强健,幼树生长旺盛,多直立生长;盛果期树冠半开张;多年生枝干紫红色,1～2年生枝棕褐色,萌芽率较高,成枝力强,枝条粗壮;定植4年后开始结果,5年生树平均株产9千克以上,7～8年进入盛果期,丰产。

(二)早 大 果

早大果是从乌克兰引进的甜樱桃品种。郑州地区5月中旬成熟。果实比红灯早熟3～5天。果实近圆形,平均单果重10.5克,最大果重14.6克。果实紫红色,缝合线紫黑色;果肉红色,硬度较大,汁液多,风味酸甜,品质优;含可溶性固形物20.50%、总糖13.25%、总酸0.90%、维生素C 19.85毫克/百克,可食率95.34%,耐贮运。在山东省泰安市,果实5月中下旬成熟,果实发育期37～42天;对樱桃褐斑病的抗性比主栽品种红灯、布鲁克斯强,对樱桃枝干流胶病的抗性比红灯强。

(三)龙 冠

中国农业科学院郑州果树研究所选育,郑州地区5月中旬成熟,比大紫早熟8天,比红灯早熟6天。果实为宽心形,平均单果重9克,最大果重12克。果面着宝石红色,晶莹亮泽,艳丽诱人。果肉及汁液为紫红色,甜酸适口,风味浓郁,品质优良;含可溶性固形物13%～16%、总糖11.75%、总酸0.78%、维生素C 45.70毫克/百克,可食率92%。果实肉质较硬,耐贮运性好。果核呈椭圆形,黏核,不裂果。常温下货架期7天以上。龙冠树体生长健壮,叶片肥厚,花芽抗寒性较强。在郑州地区的气候条件下，未发现明显的受冻现象。该品种自花授粉能力强，自交结实率达 25%～30%，产量高而稳定，盛果期亩产达 1 200～1 500 千克。

（四）美　早

由美国华盛顿州立大学普罗斯灌溉农业研究中心托马斯杂交选育。果实圆形至短心脏形，顶端较平或微凹陷；果实大型，大小整齐，横径 2.8 厘米、纵径 2.6 厘米、侧径 2.6 厘米，平均单果重 11.56 克，最大果重 18 克。成熟时果面紫红色或暗红色，有光泽，艳丽；果面蜡质厚，缝合线较细、紫红色；果肉淡黄色，肉质硬脆，肥厚多汁，风味佳，含可溶性固形物 17.6%。核圆形、中大，核均重 0.46 克，果实可食率达 94.8%；果柄特别粗、短，平均果柄长 2.69 厘米。在山东烟台 6 月中旬果实成熟。其成熟期集中，可一次采收完毕，耐贮运是其突出特点。该品种适应性强，耐瘠薄，有较强的适应性，凡能栽培红灯和先锋的地方，均适宜栽培美早。

（五）艳　阳

果实紫红至黑红色，中熟品种。果实呈圆形，平均单果重 11 克，最大果重 22 克。果皮紫红至黑红色，外观光泽亮丽，肉红色，肉质较软，汁液多，含可溶性固形物 16%～17%，味甜酸可口，品质佳，可食率 93.6%；果实不耐贮运，抗裂果。该品种 4 月上中旬盛花，5 月中下旬成熟，果实在采收和贮藏过程中软化速度较慢，采后可直接进入市场销售。树势强，树姿半开张，生长旺盛，通过修剪可以控制其过旺生长。该品种丰产稳产。

（六）拉　宾　斯

果实红色。果形近圆形，平均单果重 6～8 克，最大果重

11.5 克。果皮鲜红色，完熟时紫红色，有光泽，果皮厚而韧；果肉黄白色，肉质硬而松脆，汁液多，味甜酸可口，品质佳，含可溶性固形物 14%～16%，可食率 92.5%。果实耐贮运，4 月上中旬盛花，5 月底果实成熟，极丰产。树势中强、树姿开张。幼树生长旺，呈半开张型，1～2 年生枝条棕褐色，新梢直立粗壮，侧枝发育良好，有利于成花结果。3 年生树开始结果，4 年生树亩产 500 千克，丰产稳产。该品种抗寒性强，无病毒病，抗霜冻、裂果，自花结实，是大樱桃优良授粉品种。

（七）雷尼尔

该品种为晚熟优良品种。果实黄色，宽心脏形，底色浅黄，阳面呈鲜红色，外观色泽较美观，平均单果重 10 克。果肉黄白色，肉质脆，风味酸甜，较可口，含可溶性固形物 18.4%，品质佳，耐贮运。6 月下旬果实成熟。树势强健，生长旺盛，树姿较直立，萌芽率较高，成枝力较强。早果丰产，适应性广。花粉多，自花不育，也是优良的授粉品种。

（八）先 锋

1983 年中国农业科学院郑州果树研究所从美国引入该品种，2004 年通过山东省林木品种审定委员会审定。果实肾脏形，果顶较平，缝合线明显。果大，皮深红色，平均单果重 9.5 克，最大果重 10.5 克，纵径 2.9 厘米，横径 2.6 厘米，果实较整齐。果柄粗短，梗洼窄、浅。果面光泽艳丽；果皮厚而韧；果肉玫瑰红色，肥厚，肉质脆硬，多汁，味甜；含可溶性固形物 21.6%，品质优，果实可食率 91.8%。果核圆形，较小。自花授粉，坐果率达 40%，异花授粉更佳。该品种在山东地区，4 月中下旬开花，5 月中下旬果实成熟。该品种树势强健，枝条粗壮，早果性、丰产性较好，不易裂果。

（九）萨 米 脱

郑州地区 6 月中旬果实成熟。果实特大，长心脏形，果顶脐点较小，缝合线明显，缝合线一面较平，平均单果重 12.8 克，最大果重 18 克。果实横径 3.21 厘米，纵径 2.78 厘米，侧径 2.57 厘米。果皮红色至深红色，有光泽，果面上分布致密的黄色小点（金星）。果肉粉红色、较硬、肥厚多汁，含可溶性固形物 18.5%、可滴定酸 0.52%。核椭圆形，中大，离核，抗裂果、抗寒性与先锋相同，果实比先锋晚两天成熟，成熟期集中。果实可食率为 93.7%，风味浓郁，酸甜可口。果柄中长，柄长 3.6 厘米。该品种可选择先锋、拉宾斯作授粉树，也可与美早搭配栽培。该品种早果性较好，丰产性一般。缺点是挂果过多时果个明显变小，树体衰老快。

二、栽培管理

（一）栽前准备

一是园地的选择很重要，为防止树体营养失衡，树势减弱，应选择排水较好的沙质壤土地，不宜选择酸性土壤。甜樱桃耐寒、耐旱、耐贫瘠，对土壤肥力表现敏感，喜阳光。二是选择优质的授粉树。三是选择适宜的优质苗木。四是确定合适的种植密度。五是整地杀死病虫、病菌。

（二）定植技术

3 月中旬在定植沟内挖小穴栽植。将苗木按粗度分级，粗的向北栽、细的向南栽；适当浅栽，放置苗木后舒展根系，随填土、随踏实、随提动苗木，使根系与土壤密接。栽后灌水，水渗下后 1～2 天覆土起垄。栽后定干，自然开心形干高 30～40 厘米，改良主干形干高50～60厘米，南低北高为佳。

（三）土肥水管理

1. 土壤管理

（1）**深翻改土** 甜樱桃根系浅，生长中需氧量较其他树种大，因此改良土壤，增厚活土层，改善土壤透气性和保水性对根系纵横伸展均有较好的作用。从甜樱桃幼树期开始，每年秋季进行深翻扩穴，深翻改土60厘米，并结合施入基肥，不断提高土壤有机质含量，改善土壤理化性状，促进樱桃根系的扩展。

（2）**覆草和覆膜** 樱桃园覆草具有多方面的好处：①使表层土温和水分稳定，夏季可以减轻高温对根系的伤害；冬季不仅可以保暖防冻，还可以减少土壤水分的蒸发，减少樱桃园灌水的次数。②有利于土壤微生物的繁殖和分解活动，促进土壤团粒化，提高土壤肥力。③可抑制树盘内外杂草的生长，覆草前先深翻改土，使根系向深层充分发展，覆草3～4年后浅翻一次，并清耕2年，使上下根都能充分伸展；覆草来源可通过园内大量种植绿肥来解决，各种杂草、麦秆、厩肥等都是良好的覆盖材料，甜樱桃园覆草除雨季外常年可进行，以夏季为好。覆草前先修整树盘，使表土呈疏松状态，新鲜的覆盖物最好经过雨季淋湿，初步腐烂后再用。如果直接覆盖未腐熟的草，应同时追施1次速效氮肥。一般株施氮肥0.2～0.5千克，以满足微生物分解有机物时对氮肥的需要，避免因土壤短期脱氮而引起叶片黄化。覆草厚度以常年保持在15～20厘米为宜，过薄起不到保温、增湿、灭杂草的作用，过厚则易使早春土温上升慢，不利于根系活动。覆草后在草上分散压土，以防风刮和火灾。对于甜樱桃园，地膜覆盖具有提高地温、防止幼树抽条、保持土壤水分、减轻裂果以及防治杂草等多方面的好处。

11月份至翌年的6月份采用聚乙烯薄膜覆盖，覆膜前应平整树盘，追施速效肥并浇水，覆膜后不再耕作土地。密植园顺行覆盖，稀植园只覆盖树盘。根据不同的使用目的选用不同的地膜，无色透明地膜透光率高，增温效果最好；黑色地膜可杀死地膜下的杂草，增温效果虽不如透明膜，但保温效果好，使用比较多；银色反光膜具有隔热和较强的反射阳光的作用，在果实着色前覆盖，可使果实着色好，提高果实品质。

（3）**樱桃园间作与生草**　幼树期可在行间进行间作，以不影响甜樱桃果树生长为前提，间作物以矮秆豆料和马铃薯为主，也可以间作辣椒和1～2年生或多年生绿肥作物，以改善土壤的理化性质，从而使土壤中的水、肥、气、热协调。间作要留出树盘或树带，施足底肥，严禁间作物与树体争肥争水，让间作物逐年给樱桃树让路，缩小间作面积，果园生草可以有效防止地表土肥水的流失，增加土壤有机质的含量，改善土壤结构，提高土壤肥力，调节果园小气候，减小表层土壤温度的变化幅度，有利于浅层根系的生长。

2. 施肥　甜樱桃果实发育期仅为30～50天，其枝、叶、果的生长发育主要是在4～6月份完成，花芽分化时间早，分化进程较快且相对集中，对养分的需求主要集中在花前、花后和采果后的花芽分化期。幼树期以施氮肥为主，可配施适量磷钾肥；初果期以有机肥和复合肥为主，并配施微量元素，以全面发挥肥效；结果大树要适量多施有机肥，配合施用三元复合肥。

（1）**秋施基肥**　一般施肥时间在8～9月份，早施肥有利于植株早吸收养分，提高树体营养储备量，翌年早发挥肥效。秋施基肥是甜樱桃年生长周期中最重要的一次施肥，对树体全年的养分供应起决定性作用。甜樱桃春季萌芽、开花所需的养分主要来自储备营养；要提高花芽质量，提高坐果率，基肥施用量必须充足，应占全年施肥量的70%，幼树和初果期树一般施有机肥30 000千克/公顷、复合肥225～300千克/公顷，结果大树一般施有机肥45 000～60 000千克/公顷、复合肥225～300千克/公顷。

一般有机肥、无机肥搭配施用，有机肥主要包括圈肥、豆饼等，结合深翻刨地使用；无机肥主要包括氮、磷、钾肥等。复合肥可在树冠外围 40～50 厘米的地方进行放射状沟施，开沟 7～9 条，扩大施肥面积，可避免因肥料过于集中而烧伤根系。施肥后要适量浇水，以利于根系对养分的吸收，提高肥料的利用率。采用少量肥多次施、轮换使用多种肥料的方式可保持土壤 pH 值稳定，促进根系对肥料的吸收和利用。

（2）**及时追肥**　补充生长所需养分的不足，花前、花后、果实发育期追肥以速效性氮肥或三元复合肥为主；采果后 10 天左右甜樱桃进入花芽分化期，可追施腐熟的人粪尿（30 千克 / 株）和三元复合肥（1～2 千克 / 株）。每次施肥应辅以少量灌水，以提高肥效，但谨防大水漫灌。尽量采用点施、撒施等方式浅施，避免损伤根系，防止根癌病的发生。

（3）**根外追肥**　花期和果实膨大期进行根外追肥是对土壤施肥的有效补充，萌芽前喷一次 2%～4% 的尿素溶液，盛花期叶面喷施 0.3% 尿素＋200 倍的硼砂＋600 倍的磷酸二氢钾混合液可提高坐果率。果实膨大期喷施多元复合微肥可提高果实质量。果实着色期喷一次 0.3% 磷酸二氢钾溶液可促进着色和提高果实含糖量。

3. 水分管理　甜樱桃对水分状况反应敏感，既不抗旱也不耐涝，特别是开花至采收阶段为需水临界期，更应保证充足的水分供应。全年适时浇水，为保持土壤透气性，每次浇水后都要进行中耕松土。

（1）**花前水**　在萌芽至开花前进行，主要是满足开花对水分的需求。此次浇水可以降低地温，延迟开花，有利于防止晚霜危害。同时，浇水能提高果园地面的温度，减轻晚霜对花芽的危害。在霜冻危害较重的地方，一定要重视浇花前水，能有效地增加各类结果枝上的叶面积，有利于花芽形成，这次浇水既关系到当年产量又关系到第二年的产量。

（2）**硬核水**　在落花后进行，此时甜樱桃生长发育最旺盛、对水分的需求最敏感，浇水对果实的产量和品质都很重要，此时土壤含水量不足就会发生幼果早衰、脱落现象。

（3）采前水　采收前浇一次水对甜樱桃产量和品质影响较大，此时是果实迅速膨大期，若缺水则会造成果实发育不良、产量低、品质差等问题。

（4）采后水　果实采收后花芽分化较集中，为恢复树势、保证花芽正常分化，应立即追肥浇水，浇水宜小不宜大，以水过地皮湿为好，此后短期干旱有利于花芽形成。

（5）封冻水　秋施基肥后应紧接着浇一次封冻水，要浇足、浇透。浇水后做好保墒工作，提高树体越冬抗性。

（四）花果管理

1. 保花保果　为提高坐果率，除建园时配置授粉树外，还应做好人工辅助授粉、访花昆虫辅助授粉和防止自然灾害工作。授粉时间从开花当天至花后4天，这时花的授粉能力最强。人工授粉时，既可人工点授，也可利用授粉器授粉。蜜蜂授粉时，每公顷放2箱蜂；用壁蜂授粉时，每亩需壁蜂150～200头。花期喷布0.2%的赤霉素提高坐果率。采用早春灌水、树体喷5%石灰水、萌芽前喷布0.8%～1.5%食盐水或27%高脂膜乳剂200倍液等措施延迟花期，避开霜冻。

2. 疏花疏果　疏蕾主要是疏除细弱果枝上的小蕾和畸形蕾，一个花束状果枝保留2～3个饱满健壮花蕾即可。疏果在生理落果后进行，一般一个花束状果枝留3～4个果。疏除小果、畸形果和着色不良的下垂果，保留正常果。

3. 果实着色管理　在果实着色期，将遮挡果实浴光的叶片摘除，促进果实全面着色。果实采收前10～15天，在树冠下铺设反光膜，增强光照，促进果实着色。

4. 果实采收　樱桃成熟期不一致，所以应随时采收、分批次采收成熟果实。

（五）整形修剪

1. 甜樱桃的生长特点

（1）树势强旺，生长量大　在北方果树中，甜樱桃生长量最大。在乔砧上，甜樱桃幼树新梢当年可生长 2 米以上。过旺的营养生长会延迟甜樱桃生殖生长的进程，这也是甜樱桃幼树进入丰产期相对较晚的重要原因。

（2）萌芽率高，成枝力弱　与其他北方落叶果树相比，甜樱桃萌芽率较高，1 年生枝除基部几个瘪芽外，绝大多数可萌芽。但在自然缓放的情况下，1 年生枝只有先端 1～3 个芽可抽生较强旺枝，其余多为中、短枝，中后部的芽甚至不能成枝，仅萌发几个叶丛枝。而这些叶丛枝与母体的连接很不牢固，在生长中后期易脱落。大枝上的中、短枝易转化为各类结果枝。

（3）顶端优势及干性强，枝条生长势两极分化严重　果树顶端枝、直立枝、背上枝生长势很强，而下端斜生枝、背下枝生长势很弱。甜樱桃树的枝条两极分化严重，易发生优势枝条延长，劣势枝条（包括叶丛枝）干枯、脱落的现象。所以，抑制甜樱桃顶端优势、均衡树势、刺激小枝抽生、防止内堂光秃、促成立体结果是甜樱桃的主要修剪目标。

（4）不同树龄对修剪反应的敏感程度不同　甜樱桃幼树对修剪反应极为敏感，中、长枝短截后普遍发生 3 个以上强旺新梢，且生长量大，对增加分枝有利。中、长枝缓放极易形成腋枝花，可大量结果。成龄树大量结果后，对修剪反应迟钝，一般的回缩、短截等复壮效果均不明显，需要大量修剪才能保证剪口下发出较强旺枝，达到复壮目的。根据甜樱桃这一特性，对不同树龄修剪需用不同方法，以便合理地调整甜樱桃营养生长和生殖生长的关系，使甜樱桃能在树体健壮的基础上获得稳产高产。

2. 甜樱桃修剪的基本原则

（1）因树修剪，随枝造型　甜樱桃在人工栽培条件下，应根据其品种的生物学特性以及不同的生长发育时期、不同树龄、立地条件、目标树形等具体情况来确定修剪方法和修剪程度，以达到最佳修剪效果。修剪应做到"有形不死，无形不乱"，建造一个丰产树形，既不影响早期产量，又使树体生长与结果均匀合理。

（2）**统筹兼顾，合理安排** 根据栽植密度选择适宜的树体骨架，既要长远规划，又要考虑实际，不应片面追求某一树形。

（3）**重视夏剪，促进成花** 甜樱桃要特别注意夏季修剪工作，可采用摘心、扭梢、环割等措施，促进枝量的增加和花芽形成。春季各主枝枝条长 20 厘米以上时，可用竹签撑枝，开张枝间角度。7～9 月份应做好拉枝工作，使树体从营养生长向生殖生长转化，以利提早成花。

（4）**轻剪为主，轻重结合** 甜樱桃生长结果情况在周年生长发育和整个生命周期中各不相同，修剪的目的和方法也有差异。根据甜樱桃不同时期生长发育特点以及树体的具体情况修剪，以"轻剪为主，轻中有重，轻重结合"的修剪原则，调节树体生长势，解决好生长与结果的关系。

3. 甜樱桃的修剪时期及方法 甜樱桃的修剪包括冬季修剪和夏季修剪两种方法。若冬季修剪在落叶后和萌芽前进行，则很容易造成剪口干缩、流胶，甚至引起大枝死亡。同时，休眠期修剪只促进树体局部长势增强，整体生长则是被削弱的。一般修枝量越大，对局部的促进作用越大，对树体的整体削弱作用越强。甜樱桃的冬季修剪最佳时期在树液开始流动后至萌芽前这段时间，这一时期的主要修剪方法有短截、缓放、疏剪等。

幼树一般提倡夏季修剪，夏季修剪又称为生长季修剪。该时期修剪的优点：一是剪口容易愈合，不易枯死；二是夏剪矮化了树体，稳定了树势，可以更有效地利用空间；三是因为树体过旺生长得到抑制，所以消灭了由轮枝孢属真菌引起的枯萎病，并抑制了幼树休眠期危害树体的细菌性流胶病；四是增加了枝叶量，促进了花芽的形成，能提早开花结果。夏季修剪方法主要有摘心、扭梢、环割、拉枝、拿枝等。盛果期树以冬季修剪为主，但须根据不同树龄合理掌握修剪方法。不同生育时期、不同目标树形、不同立地条件，在修剪方法上都有所不同，各类修剪手段要综合使用。

（1）冬季修剪　甜樱桃冬季修剪的方法比较多，主要有短截、缓放、疏剪、回缩等（具体可参照前述内容）。

①短截　剪取1年生枝一部分的修剪方法。依据短截程度有轻短截、中短截、重短截、极重短截4种。

轻短截：剪去枝条的1/4～1/3，其特点是成枝数量多，一般平均抽生枝条数量在3个左右。轻短截有利于削弱顶端优势，提高萌芽率，增加短枝量，形成较多的花束状果枝。成枝力强的品种采用轻短截，有利于缓势控长，提高结果量。在空间较大处，为了缓和强枝生长势，增加短枝量，也可采用轻短截。

中短截：在枝条中部饱满芽处短截，剪去枝条的1/2左右，特点是有利于维持顶端优势，其成枝力强于轻短截和重短截。短截后可抽生3～5个中长枝。成枝力弱的品种，可多利用中短截增加分枝量。幼树期对中心干和各主、侧枝的延长枝中短截可扩大树冠。衰弱树更新复壮时，也可采取中短截恢复树势。

重短截：剪去枝条的2/3，重短截可促发旺枝，提高营养枝和长果枝比例。此种短截多用于幼树平衡树势，或骨干枝先端及背上枝培养结果枝组。

极重短截：多在春梢基部留1～2个瘪芽进行剪截，剪后可在剪口下抽生1～2个细弱枝，有降低枝位、削弱枝势的作用。极重短截在生长中庸的树上反应较好，在强旺树上仍有可能抽生强枝。极重短截一般用于徒长枝、直立枝或竞争枝的处理，以及强旺枝的调节或培养紧凑型枝组。

②缓放　又称甩放。对1年生枝条不修剪，任其自然生长，即缓放。主要作用是缓和树势，调节枝量，增加结果枝和花芽数

量，提高坐果率。缓放可使幼树提早形成短果枝、早结果。

（2）夏季修剪

①开张枝条角度　方法有拉枝、坠枝、别枝、拿枝等，最常用的是拉枝。拉枝可缓和顶端优势，改善光照，促使枝条中后部多发短枝，提早结果，是整形、缓势促花的重要手段。拉枝在3月下旬树液流动后或6月底采收后进行。幼树拉枝早，一般在定植第二年即开始。甜樱桃分枝角度小，拉枝过晚易劈裂流胶。拉枝的同时需配合刻芽、摘心、扭梢等措施，增加发枝量，减少无效生长。

②刻芽　用于幼树整形，具有弥补缺枝的作用，应在芽尚未萌发时进行，否则易流胶。在做好夏季修剪的基础上，甜樱桃冬季修剪量极轻，适合时期为树液开始流动至发芽期。冬剪时避免强求树形、修剪过重，主要对直立旺枝或竞争枝进行极重短截，以促发中、短枝，对中庸枝和平斜枝可缓放。

③摘心　作用是控制旺长，促发二次枝，增加枝量，促进成花。摘心又分早期摘心和生长旺季摘心。早期摘心一般在花后10天左右进行，对幼嫩新梢保留10厘米左右摘除。摘心后除顶端发生一条中枝以外，其他各芽均可形成短枝，主要用于控制树冠和培养小型结果枝组。生长旺季摘心在5月下旬至7月中旬以前进行，对旺枝留40厘米左右摘除顶端，用以增加枝量；对幼树连续摘心2～3次能促进短枝形成，提早结果。

④扭梢　对樱桃中庸枝和旺枝可采用扭梢措施，可阻碍有机养分下运以及水分和无机养分上运，减少枝条顶端生长量，使下部短枝增多，把营养枝转化成花枝。在5月下旬至6月中旬对中庸枝扭梢，基部当年可形成腋花芽。扭梢的方法是左手握住枝条下部，右手用力将枝条的1/3处扭曲即可。

⑤拿枝　用手对旺梢自基部到顶端逐段捋拿，伤及木质而不折断，在5～8月份皆可进行，有较好的缓势促花作用。

⑥疏枝　樱桃采收以后，一般在6月下旬至7月上旬进行一

次修剪，此次修剪可部分代替冬剪。疏枝或大枝回缩可以改善树冠内光照条件，均衡树势，促进花芽分化。采收后修剪的伤口容易愈合，对树体影响较小。

4. 修剪中应该注意的事项 ①出现的轮生枝应在当年冬剪时疏除，最多保留 2～3 个。②因为冬季伤口不易愈合，容易流胶，所以不宜疏除大枝，大枝宜在生长季或采收后疏除。③夹角小的枝不宜作主枝，易劈裂。④冬季修剪虽然在整个休眠期都可进行，但越晚越好，一般以接近萌芽时期为宜。

三、主要病虫害防治

（一）病　害

1. 根癌病　根癌病是一种世界性细菌病害，是甜樱桃的主要病害之一。该病由根癌土壤杆菌引起，可以危害几乎所有樱桃砧木品种。病害主要发生在根茎部及侧根，甚至根颈的上部。病菌在发病组织和土壤中越冬，随降雨、灌溉、苗木移植进行传播。病菌从植株伤口（如嫁接口、机械伤口、虫咬伤口）侵入，感病部位受到刺激后增生肥大，形成形状不定、大小不等、数量不一的病瘤肿块。病瘤初期为肉质、乳白色或略带粉红色，表面光且柔软的凸起；随着时间的推移，瘤状物逐渐变褐、变黑，散发出腥臭味，同时质地变硬，出现龟裂。植株感病后，根部输导组织受到影响，水分、养分运输受阻，侧根和须根减少，导致树体衰弱，寿命缩短，严重时树体干枯死亡。

【防治方法】①建园时避免在重茬地建园，选择抗病性强的砧木定植管理，做好苗木消毒工作。②早期发现病株时，应扒开根际周围的土壤，用刀将根瘤切除，直至露出新鲜木质部。伤口涂 3% 琥珀酸铜胶悬液 300 倍液。刮下的病瘤立即烧毁，切忌深埋。③扒开 2～3 年生幼树根茎处土壤，用 30 倍 K84 消毒液灌根，每株灌 1～2 升可有效防治根癌病。

2. 皱叶病 感病品种多数表现为红灯。樱桃感病后，叶面表现粗糙的同时，叶色变浅，叶缘变形或叶子变窄。果实发育缓慢甚至畸形，产量下降。轻度皱叶病的表型不稳定。迄今为止，已有的国内外研究显示对樱桃皱叶病的发病机理尚未明确，关于皱叶病致病原因目前尚无定论。

【防治方法】 ①建园时为防止树体营养失衡，树势减弱，应选择排水较好的酸性土壤地块。同时选择抗病性强的砧木，做好苗木消毒工作。②修剪时，每次修剪不宜过重，避免出现大的剪锯口。剪口及时涂抹保护剂，减小植株感病概率。

3. 流胶病 大樱桃流胶病多发生于主干、主枝，有时小枝也会发病。当枝干出现伤口或表皮擦伤时，症状尤为明显。发病初期，感病部位略微膨胀、脓肿，逐渐渗出柔软、半透明状黄白色树胶。树胶与空气接触后变成红褐色，然后逐渐呈茶褐色，最终干燥成黑褐色硬块。流胶病严重时发病部位树皮开裂，皮层和木质部变褐坏死，导致树势衰弱，花、芽、叶片变黄干枯，甚至整株枯死。真菌侵染后，植株春季发病，6 月上旬逐渐严重，雨季来临时，病害传播加重。细菌侵染一般发生在晚秋和冬季，温度至 6℃即可侵染，12～21℃为侵染盛期。枝条或伤口感病后，病部逐渐向果枝基部扩展，导致果枝枯死，然后病部向树干蔓延。翌年春季枝条萌芽后，感病部位流胶，形成溃疡组织。

【防治方法】 刮除流胶部位的胶块和腐烂层，用刀沿枝干纵刻几刀，深度以不伤木质部为佳。然后用 45% 果腐速克灵水剂 5 倍液均匀涂抹伤口。若流胶严重，则每隔 10～15 天进行涂抹，连续涂抹 3～5 次。连续防治 3 年，该病可基本治愈。

4. 叶斑病 该病主要危害酸樱桃和甜樱桃的叶片。在酸樱桃上产生褐色或紫色不规则形坏死斑，数斑连结可使叶片大部分枯死，叶背产生红色霉菌。甜樱桃病叶上的病斑较大且圆，叶背有粉色霉菌产生，病叶易提前脱落。

该病由真菌引起。病菌在落叶上越冬。翌年春天樱桃开花时，孢子随风传播。病菌入侵植株后，经 1～2 周的潜伏期即表现出症状，并产生分生孢子。之后孢子可进行多次侵染。

【防治方法】 ①落叶后彻底清除果园落叶，秋后翻耕土壤，减少病源。②落花后喷施 1 次 1∶2∶160 倍的波尔多液，以后每隔 15 天再喷 1 次。在多雨年份可以适当加喷，最好用 0.2～0.3 波美度的石硫合剂喷杀病菌。

5. 樱桃细菌性穿孔病 该病主要危害樱桃叶片，发病初期，形成针头大小的紫色小斑点，之后扩大，连结成圆形褐色病斑，其上生黑色小点粒，即分生孢子块及子囊壳。最后病斑干缩，病叶脱落。

子囊壳在被害叶片上越冬。翌年孢子飞散侵染。一般在 5～6 月份发病，8～9 月份最盛。发病严重时可造成早期落叶，削弱树势，影响产量。在温暖、降雨频繁或多雾的天气易造成病害流行。树势衰弱、通风透光不良，或者偏施氮肥的果园发病较重。

【防治方法】 ①冬季剪除带病枝梢，把果园落叶清扫干净并集中焚烧。②在果树发芽前喷施 3～5 波美度的石硫合剂，或 1∶2∶160 倍波尔多液。展叶后可喷施硫酸锌石灰液（硫酸锌 0.5 千克，熟石灰 2 千克，水 120 升），也可喷施 65% 代森锌可湿性粉剂 500 倍液。

6. 非侵染性病害（缺素症） 樱桃在生长发育过程中，既需要大量元素，也需要微量元素。

（1）缺氮症 叶片淡绿，较老的叶片呈橙色或紫色，早期脱落，花芽少且质差，果少且小，果实高度着色。防治时可单独追施氮肥。

（2）缺钾症 叶片边缘枯焦，从新梢下部逐渐扩展到上部。（中夏至夏末在老树叶片上先发现枯焦）。有时叶片呈铜绿色，叶缘与主脉呈平行卷曲，随后呈灼伤状或死亡。果小，着色不良，易裂果。生长季节喷施 0.2%～0.3% 磷酸二氢钾，或土壤追施硫酸钾，或在秋季施基肥时掺混其他钾肥进行防治。

（3）**缺硼症** 春季出现顶枯，枝梢顶部变短，叶窄小、锯齿不规则等现象。虽然有花，但坐果率低，会导致果肉木栓化、畸形，根系停止生长。通过叶面喷施硼砂或土施硼砂进行防治。

（4）**缺锌症** 大樱桃缺锌时，新梢顶端叶片狭窄、枝条纤细、节间短，小叶丛生呈莲座状、质地厚而脆，有时叶脉呈白或灰白色。通过土壤追施或叶面喷施 0.2%～0.4% 硫酸锌进行防治。

（5）**缺铁症** 缺铁会影响叶绿素的形成，幼叶叶肉失绿，但叶脉仍为绿色。随叶片成熟，其症状减轻，但树体衰弱，可土施硫酸亚铁进行防治。

（二）虫　害

1. 红蜘蛛 以成、若、幼螨刺吸芽、叶、果的汁液，叶受害初期发生许多失绿小斑点，逐渐扩大连片，严重时全叶苍白枯焦早落。

【防治方法】 ①发芽前刮除枝干老翘皮，集中烧毁；出蛰前在树干基部培土拍实，防止越冬雌螨出土上树。②发芽期喷布 3～5 波美度的石硫合剂，或 5% 柴油乳剂；生长期喷洒 0.3～0.5 波美度的石硫合剂，或 20% 哒螨灵可湿性粉剂 1000～1500 倍液，或 10% 浏阳霉素乳油 1000 倍液。

2. 红颈天牛 红颈天牛是危害樱桃的常见害虫。幼虫蛀食树干和大枝，先在层下纵横窜食，然后蛀入木质部，深达树干中心。虫道不规则，蛀孔外堆有木屑状虫粪，易引起流胶。受害植株树体衰弱，严重时死亡。成虫全体黑色，有光泽；前胸背板棕红色或全黑色。卵乳白色，米粒状。幼虫初为乳白色，近老熟时黄白色。蛹淡黄色。

2～3 年发生 1 代，以成虫产卵于地面 30 厘米左右的树上，或大枝的皮裂缝里。孵化幼虫先向下蛀食皮层，当年冬天以小幼虫在韧皮部越冬。开春后继续蛀食木质部边材，再经过一冬，即第三年春末老熟幼虫化蛹，6～7月份出现成虫。中午成虫多静伏于树干上。

【防治方法】 ①成虫产卵前，在树干和大枝上涂抹石灰和硫黄的混合剂，硫黄、生石灰、水的比例为1：10：40，涂剂中加入适量的触杀性杀虫剂效果更好。在成虫发生期的中午，对其人工捕捉。7～8月份在树干及大枝上寻找虫粪处，发现有新鲜虫粪，用刀挖除蛀道幼虫。②发现枝干上有排粪孔后，将孔口处的粪便、木屑清除干净，用注射器由排粪口注入80%敌敌畏乳油10～20倍液，封闭孔口，效果也很好。

3. 介壳虫类 如桑白蚧、梨园蚧、草覆蚧、龟蜡蚧等，以雌成虫、若虫刺吸枝干、叶、果实的汁液，导致树势衰弱，降低果实产量和品质。

【防治方法】 ①果树休眠期用硬毛刷刷掉枝条上的越冬雌虫，剪除受害严重的枝条，集中焚烧。②冬季喷洒5%柴油乳剂；芽膨大期喷布45%晶体石硫合剂30倍液，或用25%灭幼酮可湿性粉剂1500倍液，或20%灭扫利乳油4000倍液等防治。上述药剂可混入0.1%～0.2%的洗衣粉，杀菌作用更好。

第六章
软枣猕猴桃

规模化栽培软枣猕猴桃一般亩产 1000 千克以上，如果销售按每千克 10 元计算，那么亩产值达 1 万元，亩净利润在 0.8 万元左右。如果部分作为鲜果销售，那么平均售价可以到 20 元 / 千克以上，亩净利润达到 1.5 万元以上，是种植玉米净利润的 10～20 倍。2012 年，在英国的阿斯达超级市场中，一盒 125 克的软枣猕猴桃鲜果售价是 2 英镑，折合人民币 160 元 / 千克左右。2014 年 3 月，新西兰产的软枣猕猴桃鲜果在北京批发价 200 元 / 千克。2015 年，野生或农家庭院鲜果销售在 100～200 元 / 千克左右。2017 年上海软枣猕猴桃出园价 160～200 元 / 千克。

猕猴桃生产中可不使用农药，施用化肥量少，是生产无污染绿色食品的优良果树，果龄可达 80 多年，且产量高，经济效益比其他果树高出 3～5 倍，经过深加工后其效益比鲜果高达十几甚至几十倍。

一、优良采摘品种

（一）天 源 红

系中国农业科学院郑州果树研究所选育，于 2008 年通过河南省林木良种审定委员会审定，同年获准农业部植物新品种保护登记。果实卵圆形或扁卵圆形，无毛，成熟后果皮、果肉和果心均为红色，且光洁无毛。平均单果重 12.02 克，平均果梗长度 3.2 厘米，含可溶性固形物 16%，果实味道酸甜适口，有香味。果实在 8 月下旬至 9 月上旬成熟。本品种适合带皮鲜食、做成"迷你"小型猕猴桃精品果品，并适合加工成果酒、果醋、果汁等制品。推荐在休闲观光果园中栽培。

（二）红　贝

系中国农业科学院郑州果树研究所从野生软枣猕猴桃种子实生后代中选育，已申请植物新品种保护登记。该品种果实倒卵形，平均单果重 10 克。果实较小、无毛，成熟后果皮、果肉和果心均为红色，含可溶性固形物 17%，完全成熟后果皮呈诱人的褐红色。本品种适合带皮鲜食或做成"迷你"小型猕猴桃精品果品，并适合加工成果酒、果醋、果汁等制品。果实在阳历中秋节至国庆节期间成熟。采摘期可持续 1 个月以上。

（三）红宝石星

系中国农业科学院郑州果树研究所选育，于 2008 年通过河南省林木良种审定委员会审定，同年获准农业部植物新品种保护登记。该品种果实长椭圆形，平均单果重 18.5 克，最大果重 34.2 克，果实横截面为卵形，果面上均匀分布有稀疏的黑色小果点。果心较大，种子小且多，果实多汁，含可溶性固形物 17%。果实成熟后光洁无毛，果皮、果肉和果心均为诱人的玫瑰红色，而且不需后熟可立即食用，这是它与常规猕猴桃相比最主要的优点。果实在 8 月下旬至 9 月上旬成熟，适合带皮鲜食、做成"迷你"小型猕猴桃精品果品，并适合加工成果酒、果醋、果汁等制品。该品种抗逆性一般，成熟期不太一致，有少量采前落果现象，不耐贮藏（常温下贮藏 2 天左右），需要分期、分批采收，推荐在休闲观光果园中栽培。

（四）桓优 1 号

系辽宁省本溪市桓仁县选育的软枣猕猴桃品种，2008 年通过了辽宁省非主要农作物品种备案办公室备案。该品种果实为卵圆形，平均单果重 22 克，最大果重 36.7 克，果皮青绿色、果肉绿色。果皮中厚，肉质软，果汁中，香味浓，品质上，成熟时含总糖 9.2%、可溶性固形物 12%、维生素 C 379.1 毫克 / 百克鲜果肉、可滴定酸 0.18%。该品种树势强健，雌雄同株，抗寒、抗病虫能力强。

（五）魁　绿

系中国农业科学院特产研究所选出的软枣猕猴桃品种。该品种果实卵圆形，平均单果重 18.1 克，最大果重 32 克，果皮绿色，光滑，果肉绿色，质细汁多，味酸甜，含可溶性固形物 15%、维生素 C 430 毫克 / 百克鲜果肉。加工果酱色泽翠绿，维生素 C 含量达 192.3 毫克 / 百克。该品种生长旺盛，萌芽率 57.6%、结果枝蔓率 49.2%、坐果率 95%，以中、短果枝蔓结果为主，丰产稳产，是一个适于寒带地区栽培的鲜食、加工两用品种。

（六）宝 贝 星

系四川省自然资源科学研究院从野生软枣猕猴桃实生后代中选育而成，属于软枣猕猴桃，并于 2011 年通过四川省农作物品种审定委员会审定。该品种果实短梯形，果顶凸，无缢痕，果柄短。果实小，平均单果重 6.91 克。果皮绿色、光滑无毛，果肉绿色，含总糖 8.85%、总酸 0.128%，香气浓郁，可连皮食用。在四川省 8 月下旬成熟，属中熟品种。

（七）华　特

系浙江省农业科学院园艺研究所从野生毛花猕猴桃群体中选

育的毛花猕猴桃品种，于 2008 年获得农业部植物新品种保护权。该品种果实长圆柱形，果皮绿褐色，密集灰白色长茸毛。单果重 82～94 克，是野生种的 2～4 倍，最大果重 132.2 克。果肉绿色，肉质细腻，略酸，品质上等。含可溶性固形物 14.7%、可滴定酸 1.24%、维生素 C 628 毫克 / 百克、可溶性糖 9%。本品种结果能力强，少量落花落果，徒长枝和老枝均可结果。果实常温下可贮藏 3 个月。

二、栽培管理

（一）栽植方式

在山地和丘陵地区建园，一般需建成梯田，沿等高线设行，行的长度随地形、道路和防风林的距离而定。坡度较大的山地可以采用鱼鳞坑栽植方式。在平坦地建园，可根据地形设置成长方形或者正方形。一般设置为长 150 米、宽 40 米的小区，坐南朝北，便于机械化操作。

一般选择在 11 月底至翌年 3 月份定植。选择健壮苗木，定植前蘸上混配的生根粉泥浆。在定植带上挖定植穴，施用充分腐熟的有机肥和复合肥，苗木嫁接部位要露出地面。抽槽改土和回填等工作应提前完成，使回填土沉实。定植完毕及时浇水，适当重剪，留 3～5 个饱满芽促发新梢，促其快速成形。

（二）限根栽培

根域限制栽培通常分为垄式、箱筐式和坑式三种栽培模式。采用箱筐根域限制栽培模式可以进行设施栽培。猕猴桃垄式根域限制栽培模式的株距 1 米、行距 6～8 米，平棚架栽培；垄高 0.5 厘米，垄面上宽 0.4～0.6 米、下宽 1～1.2 米，棚面离垄上表面 2.5 米。幼苗期垄间可套种甜玉米、蔬菜、大豆等作物，垄面种植苜蓿、红薯等作物保持水土，避免夏季垄面被曝晒。宽行距和窄株距栽培模式使得机械化作业成为可能，通过移动式作业平台可以实现绑蔓、摘心、套袋、采果、病虫防治和冬季修剪等作业。利用控根器也可以实现猕猴桃的根域限制栽培，较垄式栽培建园更为省工省力。

（三）水肥一体化滴水灌溉技术

1. 液体施肥枪进行深施　该枪由通用机件和专用机件两大部分组成，是液态肥（药）地下和地上喷施的理想工具。多功能枪出厂时即为地上喷雾状态，该机接入高压药（肥）液即可对果树进行地上喷雾。进行地下施肥作业时，换装地下施肥装置即可。

2. 水肥一体化滴水灌溉　滴水灌溉是设施节水技术的一种，借助压力灌溉系统将水从地下抽上来后放在蓄水池中，当果树需浇水时就打开蓄水池开关；如果需要施肥，就在蓄水池中配上肥料，把水分和养分定量、定时、均匀地输送到果树根部土壤，既可防止大水漫灌造成土壤板结，又能达到复式作业，节水、省肥、节劳的目的。

（四）定植技术

1. 栽植密度　我国平地篱架栽培密度多为 3 米×3 米，每亩栽猕猴桃 74 株；"T"型架 3 米×4 米，每亩 55 株；大棚架 5 米×6 米，每亩 22 株；垄式根域限制栽培为 1 米×6 米，每亩 110 株。为了早投产，前期可以合理密植。通常采用单行式密植和双行式密植方式。前者密植一般在株间增加植株数，而不增加行数，否则不便于管理。后者在架材两边附近各栽一行，间距 2 米，以同一行架材为支架，行间支架间距 6 米、株距 3 米。这种栽植方式不需要间伐，可充分利用架材和空间，便于管理，有利于提高产量。

2. 苗木处理

（1）**选用优质苗**　选择根茎直径 0.5 厘米以上和根茎直径 0.4 厘米以上、根系完好、无病虫害的苗木作为栽植用苗。

（2）**解绑**　栽苗前要解绑嫁接苗的塑料条，或用刀片将塑料条纵向划开。

（3）**苗木定干**　嫁接部位以上只选留一个壮枝，其余疏除，并对其保留的壮枝选留 3～4 个饱满芽，其余从上部剪去。

（4）**根系处理**　剪除枯枝、枯根和烂根，对长达 30 厘米以上的根适当短截。为提高栽植成活率，栽前最好先用泥浆蘸根，泥浆中同时配入允许使用的生根粉、低浓度杀虫剂和杀菌剂。例如，可用 800 倍甲基硫菌灵可湿性粉剂加 100 毫克 / 千克生根剂浸根 5～10 分钟，待根部药液自然晾干后定植。

（五）肥水管理

1. 合理施肥

（1）**花前追肥**　时间一般在 2 月底至 3 月初，也叫催芽肥。春季土壤解冻、树液流动后，树体开始活动，花芽进行形态分化，肥料施足有利于花发育良好，为多结果打下基础。追肥应以速效氮肥为主（氮肥占全年氮肥总用量的 1/2～2/3），配以少量磷钾肥。4 年生树一般亩施纯氮 8～10 千克、纯磷 4 千克、纯钾 4 千克。

（2）**坐果后追肥**　时间一般在 5 月下旬至 6 月上旬，即开花坐果后，也叫壮果肥。落花后 30～40 天是猕猴桃果实迅速膨大时期，此阶段果实生长迅速，体积增大很快，同时新梢生长和叶面积增长也快，否则猕猴桃膨大受阻。追肥应以速效复合肥为主，4 年生树每株可施入磷酸二铵 0.25～0.3 千克。若花前已追施足量的速效化肥，则花后可不再追肥。

（3）**盛夏追肥**　为使果实内部发育充实，增加单果重和提高果实品质，宜在 6～7 月份追施一次磷钾肥。为促使后期枝梢成熟，可叶面喷施速效氮肥 1～2 次。此期叶面若喷钙肥，则还可增强果实的耐贮性。叶面肥料可选用 0.5% 磷酸二氢钾、0.3%～0.5% 尿素液及 0.59% 硝酸钙。

（4）秋施基肥　果实采收后 1～2 周至落叶前，可对叶面喷施一次 0.5% 尿素液，以增加叶片光合作用，促进养分向根茎回流，增加养分贮备。采果后叶片失去大量营养，此时给树体补给养分尤为重要，结合果园深翻，宜早施基肥。基肥应以腐熟或半腐熟的有机肥为主，施用量占全年施肥量的 60%～70%。根据各地的经验，成龄猕猴桃树每株可施入 50～70 千克的厩肥、堆肥或人粪尿等腐熟的农家肥，再加施磷肥 1～2 千克，根据树龄、树势适量补充氮肥。施肥时，应将化肥和农家肥充分拌匀。

（5）施肥量　判断施肥量是否合适，主要靠实地观察树体表观性状，即缺素症或中毒症，来判断是否需要在常规施肥后补施单素肥料。缺素症或中毒症也称为生理性病害，各地猕猴桃果农在生产实践中也积累了比较成熟的经验，如河南西峡幼龄园的施肥比例为氮：磷：钾＝2：1：1，成龄园则为 2：1：2 或 2：1.6：2。由于各地果园具体情况不同，施肥量的确定，主要看是否树壮、叶茂、枝条充实。

2. 科学灌水

（1）排水防涝

①建立排水系统　排水是猕猴桃园管理工作中一项非常重要的措施。首先，园地不要建在低洼、地下水位高的地方。因为春季多雨，所以要在地块周围及行间开好排水沟，疏通沟渠，使排水通畅。特别对于质地黏重或地下水位较高的平地果园，或者是红壤丘陵果园的低洼地带，在 4～6 月份梅雨季节内，往往会因雨水过多造成果园积水而诱发黄叶病，甚至引起根系腐烂、整株死亡。故雨季及时清沟排水特别重要，要求土层深度至少 0.8 米以下、无积水。高温干旱季节经常灌水，要注意掌握灌水时间，做到速灌速排，否则极易发生涝害。

一般果园的排水方式有明沟排水、暗沟排水、抽水排水三种。明沟排水是指在地面上挖明沟，根据地势排走地表径流。暗沟排水多用于排出汇集的地下水。根据不同的地势可建立不同的排水系统。

山地：一般丘陵山地果园挖明沟排水的较多，排水系统是由总排水沟连通各级等高排水沟组成。总排水沟的方向一般与等高线垂直或斜交。这是防止因地表径流的冲刷和雨季集中降水而发生涝害的主要措施。

平地：平地果园建立排水沟，其排水沟方向应与果树的行向一致，由小排水沟将水汇集到小区中较大的排水沟，最后由低排水沟排出果园。

地下水位高的低洼地或盐碱地：可使用深沟高垄栽培方法进行排水，其具体做法：在雨季来临前进行，在距树干40厘米左右处向行间挖4～6条放射沟，直达行间排水沟。放射沟靠近树干一端的宽度和深度为20厘米，靠近行间排水沟一端的宽度和深度为40厘米。沟内放置作物秸秆（保持原样不要粉碎），放置时一层秸秆一层土，同时每株树施入50～100克尿素或1～2千克商品生物有机肥；最后将多余的土覆于树盘下，呈馒头状。采用此方法可有效防止果树发生涝害，同时还能优化根区，提高根系活力，防止早期落叶。

②雨季排水 夏季雨水多，常造成地面积水，致使土壤通气不良。这样一方面抑制根的呼吸，另一方面又抑制土壤里的好气性菌的活动。在土壤缺氧的情况下，还容易积累各种有害盐类，导致根中毒死亡。地下水位高、根系分布浅，也易使树体未老先衰。因此，雨季要保持园内不见"明水"，地下水位保持在1.3米以下。对受涝果园，要及时排出积水，将果树根茎部位的土壤扒开晾晒，并及时松土增进土壤的通透性，尽快恢复树体正常的生理活动。

（2）果树需水规律

①萌芽期与新梢生长期 一般为3月上中旬至5月中旬。此

期花芽进行形态分化、新梢旺长，树体需要有充足的水分供应。若土壤墒情不足，则应及时灌水，有利于开花、坐果。

②花期　一般为4月底到5月中旬。在温度、湿度和阳光充足的条件下，花期一般持续时间较长，而高温干旱且无灌溉条件的花期则较短，并影响有效授粉期。同时，该期新梢生长较为迅速，水分供应充足有利于新梢萌发，缺乏则新枝的生长都会受到影响。花期是果树的营养生长期，也称第一关键期，土壤湿度宜控制在80%左右。

③幼果膨大期　一般为6月上中旬。此阶段猕猴桃子房迅速膨大，营养生长和生殖生长并进，对水肥都比较敏感，是需水临界期，应视土壤墒情浇足水，减少枝、果对水分的竞争。水分不足时，幼果发育不良，新梢生长受阻，叶片皱缩。此期水分供应最好均匀适宜，最好使用喷灌设施。此阶段的灌水在河南、陕西等猕猴桃半干旱栽培区的省份特别重要。

④果实迅速膨大和混合芽形成期　一般为7～8月份。此阶段果实迅速膨大、混合芽在生理分化，是猕猴桃树体需水高峰期，也称第二关键期。外界温度高、光照强，树体叶片、果实均容易受到日灼伤害，适时喷灌可以降低叶面温度，增加田间小气候湿度条件，可以避免日灼伤害，同时能促进枝叶生长、果实发育以及混合芽生理分化。此期土壤的湿度条件对果实膨大速度、当年产量以及翌年产量都影响很大，灌水不及时或灌水不足，将导致植株大量落叶、落果，花芽分化能力降低或停止，甚至枯枝死树。土壤水分供应最好稳定、持续，但不可灌水过多，以防积水及叶部病害的发生。

⑤果实成熟期　此期是猕猴桃着色和糖分转化的主要时期，土壤湿度不宜过高，否则会使猕猴桃贪青晚熟，影响其果品质量和价格。另外，水分过高也会引起个别品种裂果。

⑥冬眠期　一般为上一年的12月中下旬到翌年的2月下旬。此阶段的主要工作是冬季修剪、果园土壤深翻、消灭越冬害虫

等。落叶入冬时结合施基肥充分灌水，以促进基肥分解和提高树体抗寒能力。

（六）花果管理

1. 花期　花期因种类和品种的不同而异，环境变化对其也有影响。软枣猕猴桃初花期在 4 月中下旬，天晴、气温高，则花期短；阴天、气温低，则花期长。花从现蕾到开花需要 25 ～ 40 天。每个花枝开放的时间：雄花 5 ～ 8 天，雌花 3 ～ 5 天。全株开放时间：雄株 7 ～ 12 天，雌株 5 ～ 7 天。

雄花的花粉可以通过昆虫、风等自然媒介传播到雌花的柱头上授粉，也可以人工授粉。

猕猴桃花芽容易形成，坐果率高，落果率低，所以丰产性好，结果母枝一般可萌发 3 ～ 4 个结果枝，发育良好的可抽枝 8 ～ 9 个。结果母枝可连续结果 3 ～ 4 年。结果枝通常能坐果 2 ～ 5 个，因品种而有差异。猕猴桃从终花期到果实成熟需要 120 ～ 140 天，在此期间，果实经过迅速生长期、缓慢生长期和果实成熟期 3 个阶段。

2. 人工辅助授粉

（1）**对花**　采集当天开放并且未散的雄花，用其雄蕊在雌花花柱上擦抹。一朵雄花可授 6 ～ 8 朵雌花，采集时间一般为晴天上午 10 时之前。

（2）**散花**　于上午 6 ～ 8 时收集当天开放的雄花花药，在上午 9 ～ 11 时用鸡毛或毛笔将花粉轻轻弹撒在雌花柱头上。

（3）**插花授粉法**　开花初期剪数朵雄花插入 1% 的糖水瓶中，挂在远离雄株的母树中间，依靠风力、虫媒自然授粉。此法适用于雄株分布不均的果园，应注意及时往瓶中加水，以免瓶中雄花枯萎。

（4）**机械授粉**　在全树 25% 左右的花开放的上午 8 ～ 10 时或下午 13 ～ 15 时，用人工授粉器将花粉喷于雌花柱头上（图

6-1）。若遇阴雨，则可在雌花未全部开放形成钟形时，用人工授粉器将花粉喷到雌花柱头上。

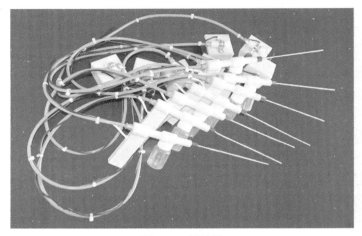

图 6-1　授粉枪

3. 疏花疏果　猕猴桃花量较大，坐果率较高，正常气候及授粉条件下，几乎没有生理落果现象。若结果过多，则养分消耗大，果实品质和单果重下降，商品率降低，同时也会出现大小年结果现象。通常情况下猕猴桃花芽的形态分化是从春天萌动开始直至开花前几天结束，一般侧花和基部花分化迟、质量差，为了节约养分，提高花的质量，在开始现蕾时就可以把侧花蕾、结果枝基部的花蕾疏掉，过晚疏除则养分消耗大。据观察，猕猴桃开花坐果后 60 天，生长量可占整个果实生长量的 80%。因此，疏蕾比疏花、疏果更能减少养分消耗。猕猴桃的花期较短而蕾期较长，一般不疏花而是提前疏蕾。生产中为了避免因疏蕾过量或疏蕾后花期遇雨而导致授粉不良，一般把疏蕾、疏果两项工作进行结合，先适量疏蕾。

（1）疏　蕾

①时间　疏蕾通常在 4 月中下旬进行，当结果枝生长量达到

50 厘米以上，或者侧花蕾分离 15 天左右时即可开始疏蕾。

②方法　疏蕾时先着重疏除过小的畸形蕾、发育较差的两侧蕾、病虫危害蕾，再疏基部花蕾，最后疏顶部花蕾。应着重保留发育较好的中心蕾。不同结果枝疏蕾法：强壮的长果枝留 5～6 个花蕾，中庸的结果枝留 3～4 个花蕾，短果枝留 1～2 个花蕾。

（2）疏　果

①时间　应在盛花后 2 周左右进行，坐果后再对结果过多的树进行疏果。

②方法　对猕猴桃而言，结果枝中部的果实最大、品质最好，先端次之，基部最差；花序的中心花坐果后果实发育最好，两侧的较差。所以，疏果时先疏除畸形果、伤残果、病虫果、小果和两侧果，然后再根据留果指标疏除结果枝基部或先端的果实，确保果实质量，使树体均匀挂果。

（七）整形修剪

1. 夏季修剪　猕猴桃的夏季修剪一般在 4～8 月份进行。通过除萌、抹芽、摘心、绑缚新梢等使枝条合理生长，并减少冬季修剪量。

（1）抹芽　抹去位置不当或过密的芽。保留早发芽、向阳芽、粗壮芽，抹去晚发芽、下部芽和瘦弱芽。

（2）摘心　花前 1 周左右对结果枝摘心，可促使营养转向花序，促进果实发育。后期摘心可改善光照条件，促进花芽分化，为第二年增产奠定基础。

（3）绑蔓　这是猕猴桃生产中工作量较大的一项工作，夏季修剪和冬季修剪都要按照栽培架式、枝蔓类型和生长情况适时绑缚。枝条生长到 40 厘米以上、已半木质化时才能进行绑缚，过早容易折断新梢。为防止枝梢被磨伤，绑扣应呈侧"8"型。

2. 冬季修剪　冬季修剪的最佳时期是冬季落叶后两周至春

季伤流前两周。过迟修剪容易引起伤流，影响树体长势。冬季修剪的重点是在整形的基础上对营养枝、结果枝、结果母枝进行合理的修剪。

三、主要病虫害防治

（一）病　　害

1. 细菌性溃疡病　①严格检疫。不从病区调运繁殖材料，新区一旦发现病株立即销毁。②农业防治。适当的农业防治措施对猕猴桃细菌性溃疡病具有一定的防治效果。例如，施用过量的氮肥会增加溃疡病的感染比例，一些农艺技术如绑枝、灌溉、修剪枝条等均有利于病原菌的传播，所以应对园区的感病植株及时彻底清除；未感病植株若因修剪或其他原因产生伤口，则应立刻用油漆或保护剂封闭伤口，所用工具、农具及设备等均需消毒处理。在冬季干燥环境下修剪枝条，避免植株生长过高过密，影响药剂喷雾效果。适时适量施肥灌水，多施有机肥和磷钾肥，合理修剪，注意清沟排水，并对其他病虫害进行科学防治，均能有效提高树势、预防溃疡病的发生。

2. 炭疽病　①慎重选择园址，科学建园，防止与炭疽病寄生植物群落混搭在一个生态系统内，从源头杜绝炭疽病病原的生存环境。②建园时最好选择当地试验过、审定过的抗性强的品种。③合理密植，规范整形修剪，及时中耕锄草，改善果园通风透光条件，降低果园湿度。冬季结合修剪清除僵果、病果和病果果柄，剪除干枯枝和病虫枝，将其集中深埋或烧毁。合理施用氮肥和磷钾肥，增施有机肥，增强树势；合理灌溉，注意排水，避免雨季积水。平原区的猕猴桃园可选用白榆、水杉、枫杨、枞树、乔木桑、枸橘、白蜡条、紫穗槐、杞柳等作防护树种；丘陵区的猕猴桃园可选用麻栗、枫杨、榉树、马尾松、樟树、紫穗槐等作防护树种；新建园应远离刺槐林、核桃园，也不宜混栽其他的炭疽菌寄主植物。④炭疽病的发生规律与果实轮纹病基本一致，且对两种病害有效的药剂种类也基本相同，故而可交替喷施波尔多液（1∶0.5∶200）、80%炭疽福美可湿性粉剂500～600倍液等药剂防治病害。7月初，果园初次出现炭疽病菌孢子的3～5天内开始喷药，以后每10～15天喷1次，连喷3～5次；可交替使用10%苯醚甲环唑水分散粒剂1500～2000倍液，或波尔多液（1∶0.5∶200），或0.3波美度的石硫合剂加0.1%洗衣粉，或50%甲基硫菌灵可湿性粉剂800～1000倍液，或65%代森锌可湿性粉剂500倍液等。

3. 根腐病　①慎重选择园址，科学建园。建猕猴桃园时，选易排灌、透气性好的肥沃地块。建园前要挖深沟排水，减少土壤积水，减轻发病症状。幼苗定植时施入少量50%敌磺钠可湿性粉剂，每株用15克药加水1升后灌根，作为定根水，之后每月浇一次，确保根系健康生长。猕猴桃苗的栽植不宜过深，土壤中残留的杂木、树桩和感染病原的根系要及时清理烧毁。②农业防治。高垄栽植，合理排灌，防止田间积水，雨季做好排水工作，及时合理中耕除草，增强土壤通气性，但不要伤根。冬、夏修剪时留芽量适中，多施有机肥，提高土壤腐殖质的含量，增强树势，不要施用未腐熟的有机肥。土壤在撒施生石灰或用苦参碱制成的毒土后浅耕，既可以控制病菌，又能对地老虎和蛴螬等地下害虫有一定的杀灭作用。③化学防治。该病发生于土壤中，可用五氯酚钠150倍液进行土壤消毒，发病轻的可用80%代森锌可湿性粉剂200～400倍液灌根。盛果期树每株用70%敌磺钠可湿性粉剂50～100克加水10升灌根，若再加入少量赤霉素等植物生长调节剂，效果更好。受害严重的植株要整株挖除和销毁，并进行土壤消毒。剪除病枯枝、刮除老蔓上的病斑，并用5%氯溴异氰尿酸水剂30倍液或10波美度的石硫合剂涂抹刮除病斑后的裸露处和修剪口，7～10天涂1次，连涂3次。萌芽期喷一次

3～5 波美度的石硫合剂与五氯酚钠 200 倍液的混合溶液。

4. 膏药病 ①加强管理。通过修剪去除过密的荫蔽枝，让果园通风透光良好，集中烧毁剪掉的枝条，减少菌源。做好果园排水工作。②补充硼肥。叶面喷 0.3% 硼酸液＋0.3% 磷酸二氢钾混合液 1～2 次，或者每公顷施 6～7.5 千克硼砂于地面，然后旋耕入土。硼肥切忌一次性多施，以免引起硼中毒。硼肥一年只需施一次，调整土壤速效硼含量至 0.3～0.5 毫克/千克为宜。③根据贵州黔南地区的经验，5～6 月份和 9～10 月份是膏药病盛发区，以煤油为载体兑入 400 倍的商品石硫合剂晶体喷雾至枝干病部；或在冬季用现熬制的 5～6 波美度的石硫合剂刷涂病斑，效果极好，不久即可使膏药层干裂脱落。此法对树体无伤害。

5. 花腐病 ①加强果园管理，注意排水，增施腐熟有机肥，提高树体的抗病能力。适时中耕除草，改善园内环境。改善花蕾的通风透光条件，及时将病花、病果摘出，减少病菌来源。夏季应及时剪除病虫枝、下垂枝和徒长枝，反复摘心使树冠通风透光。②冬季用 5 波美度的石硫合剂对全园彻底喷雾；芽萌动期用 3～5 波美度的石硫合剂全园喷雾；展叶期用 50% 肿·锌·福美双可湿性粉剂 800 倍液，或 65% 代森锌可湿性粉剂 500 倍液喷洒全株，每 10～15 天喷 1 次，特别是在开花初期要喷洒 1 次。

6. 褐斑病 ①加强果园管理，适时修剪，增施有机肥，清洁果园，彻底清除病残体。做好清沟排水和果树的通风透光工作，以降低果园湿度，减轻发病程度。冬季将修剪下来的枝条和落叶全部清理干净，结合施肥埋于肥坑中。此项工作结束后，将果园表土翻埋 10 厘米左右，既松了土，又达到了清洁病源的目的。最后用 5～6 波美度的石硫合剂处理菌核，然后深埋于土中使其不能萌发，能极有效地减少初侵染病原的数量。②发病初期，可用 50% 多菌灵和甲基硫菌灵可湿性粉剂 500 倍液，或 75% 百菌清可湿性粉剂 500 倍液，或 70% 代森锰锌可湿性粉剂

400～500 倍液，或 50% 甲霜锰锌 400 倍液，每 7～8 天喷 1 次，共喷 2～3 次，可有效控制病害流行。

7. 立枯病　①坚持预防为主，防重于治。在育苗过程中，要注意从选地、整地、施肥、土壤消毒、选种、种子处理、播种技术等方面创造适于苗木生长、不利于病原繁殖的条件，增强幼苗的抗病能力。②加强苗圃管理。要选择排水方便、疏松肥沃的壤土，忌用地下水位高、排水不良的黏重土壤。注意提高地温，低洼积水时及时排水，防止高温高湿情况出现。在避免幼苗晚霜危害的前提下，尽量提前播种。③土壤处理。硫酸亚铁 100 千克 / 亩，碾细后施入 10 厘米表土中。用 40% 五氯硝基苯粉剂与 50% 福美双粉剂 1∶1 混合，每平方米施药 8 克，加细土 4～4.5 千克拌匀，播前先取 1/3 药土置于苗床上，其余 2/3 药土盖在种子上面，有效期可达月余。④增强幼苗抗病能力。苗期喷洒 0.1%～0.2% 磷酸二氢钾，可增强幼苗的抗病能力。⑤发病初期喷淋 20% 甲基立枯磷乳油 1 200 倍液，或 36% 甲基硫菌灵可湿性粉剂悬浮剂 500 倍液。

8. 黑斑病　①苗木严格检疫，防止病害传播。②搞好冬季清园。清除病株残体和剪除发病枝蔓，集中到园外烧毁，并用 5～6 波美度的石硫合剂于冬季前后进行封园处理 2 次。③加强肥水管理，促进树体生长健壮。改善果园通风透光条件，降低园内湿度。4～5 月份发病初期及时剪除发病枝梢和叶片，防止病害传染和蔓延。④从 5 月上旬开始，每隔 10～15 天防治 1 次，连续 4～5 次，用 70% 甲基硫菌灵可湿性粉剂 1 000 倍液，或 50% 胂·锌·福美双可湿性粉剂 800 倍液等进行树体喷雾防治。

9. 线虫病　①严格检疫。培育无病苗木，引进种苗时严格检疫，防止病虫传播蔓延。②科学建园。在栽过棉花、葡萄和其他果树的园地中最好不栽或不培育猕猴桃苗木。据调查，30%～50% 的病园是由于没有选好园址造成的。采用水旱轮作

（水稻－猕猴桃）方式每隔 1～3 年育苗，对防止感染根结线虫具有良好的预防效果。定植前，土壤可选用 10% 克线磷、每亩 3～5 千克均匀撒施后翻耕入土。③病区盛果期树，距树主干 0.5 米处挖宽 20 厘米、深 15～20 厘米的环状沟，每株按 20 毫升 50% 甲基异柳磷加 10 升水稀释后的量施用，搅匀灌入沟内，覆土、踏实。④病苗处理。发现已定植苗木带虫时，立即将其挖除烧毁，并清除根系周边土壤，或将带虫苗木的根系周边土壤集中深埋至距地面 50 厘米以下（最好在雨季后进行）。⑤增施有机肥，重视枝梢管理和果园整形修剪，以增强树势，提高果树抗病能力。另外，清除植株附近杂草，保持地面清洁，或种万寿菊、猪屎豆菜等对根结线虫有较大抵抗力的植物。

（二）虫　害

1. 斑衣蜡蝉　①斑衣蜡蝉以臭椿和苦楝等为原寄主，建园时应远离臭椿和苦楝等杂木林，以减少虫源，减轻危害。结合冬季修剪和果园管理，剪除有卵块的枝条，集中处理，彻底消灭卵块。②保护利用若虫的寄生蜂等天敌。③可选用 2.5% 氯氟氰菊酯乳油 1 500 倍液，或 48% 毒死蜱乳油 2 000 倍液，或 2.5% 溴氰菊酯乳油 2 000 倍液喷雾防治。各种药剂交替使用，以减缓害虫抗药性的产生。

2. 椿象　①冬季结合积肥清除枯枝、落叶，铲除杂草，及时将其堆沤或焚烧，以消灭部分越冬成虫。春、夏季节要特别注意除去园内或四周的寄主植物，以减少害虫转移危害。②可利用椿象的生活习性采取相应灭杀措施，如利用其假死性，于害虫出蛰上树初期将其摇落或在早晨逐株、逐片将其打落杀死。越冬前害虫在越冬场所大量群集时可集中捕杀；或在树干上束草，诱集前来越冬的害虫，将其烧杀；也可人工抹杀叶背卵块。5 月底以后可在果园悬挂驱避剂驱蝽王，每公顷可悬挂 600～900 支驱避剂。③自制烟剂熏杀。将锯末 70 千克、硝铵 30 千克、废柴油 1

千克，敌敌畏乳油 1 千克（或甲敌粉、林丹粉 2 千克）搅拌均
匀，阴天傍晚或清晨在果园中心点燃，用烟熏杀害虫。④利用
成虫清晨不喜活动的特点，喷 20% 高效氯氰菊酯乳油 2 000 倍
液，或毒死蜱 800～1 000 倍液，间隔 7 天左右喷 1 次，共喷施
2～3 次。

3. 大灰象甲 ①利用该害虫成虫具有的假死性特点，在成
虫发生期对其人工捕捉或将其振落捕杀。新定植的苗木在 4～5
月份罩网袋保护。②临近发芽期，树下喷 2.5% 敌百虫粉或在树
干周围土表做 10 厘米左右宽的敌百虫粉药环，可杀死出土上树
的成虫，注意观察药力并及时更新药环。于成虫发生高峰期在树
上喷施药剂，可用 50% 辛硫磷乳油 1 000 倍液，或 20% 除虫脲
悬浮剂 1 000 倍液等进行防治。对猕猴桃附近林木，如防护林及
间作物应同期防治，减少虫源。

4. 小绿叶蝉 ①加强果园管理，成虫出蛰前及时刮除翘皮，
清除落叶及杂草，减少越冬虫源。②在越冬代成虫迁入果园后，
各代若虫孵化盛期及时喷洒 25% 速灭威可湿性粉剂 600～800 倍
液，或 20% 害扑威乳油 400 倍液，均能收到较好效果。

5. 金龟子 ①利用成虫的假死性，在晴天清晨或傍晚摇树，
害虫掉落地面后踩死。利用成虫的趋光性，在其集中危害期，于
傍晚用频振式杀虫灯诱杀。②合理施肥灌水，增强树势，提高树
体抵抗力；科学修剪，剪除病残枝及茂密枝，使果园通风透光，
保持果园适当的温湿度。结合修剪清理果园，减少虫源。冬季施
肥翻耕园地，消灭越冬幼虫。③成虫盛发期，可以在傍晚天黑前
对果园及周围的植株喷洒 80% 敌敌畏 800 倍液，或 75% 辛硫磷
1 000～2 000 倍液进行防治。秋冬扩穴施肥时，每穴施辛硫磷颗
粒剂 100 克，可以减少金龟子幼虫的危害。

6. 桑盾蚧 ①若虫盛发期，因其介壳较为松弛，可用硬毛
刷或细钢丝刷刷除寄主枝干上的虫体。秋、冬季节结合树盘翻耕
施基肥，破坏土内害虫卵囊。在幼龄树果园发现少量害虫危害

时，应不惜人力彻底将受害枝剪去销毁。结合整形修剪，剪除被害严重的枝条。②2月底前，在树干基部裹宽约10～15厘米的黏胶封锁带，防止土中若虫上树危害。黏胶可用废机油、柴油或植物油1升，加热后（温度勿过高）放入松香粉0.5千克，至其溶解后即可备用。先用塑料薄膜包扎树干基部四周，再涂黏胶，便成一环状隔离带。这样既能预防黏胶中含有的残留汽油渗入果树树皮，阻碍树体内养分的正常运输，又能阻碍若虫上树危害。③成龄多虫园，在冬季落叶后喷3～5波美度的石硫合剂或5%煤油乳剂，将越冬虫体杀死。

7. 蝙蝠蛾　①科学建园。建园时谨慎选择园址，定植猕猴桃幼树时及时清除果园周围的杂木，如黄荆及野桐等寄主植物，以减少虫源。②加强果园管理，合理施肥灌水及修剪，调节树体通风透光度，保持果园适当的温湿度；冬季修剪时及时清理病虫害枝条，集中烧毁。③保护天敌类，如食虫鸟、螨类、寄生性昆虫等。④4月中旬在树冠及地面喷洒10%氯氰菊酯乳油2000倍液，或50%西维因可湿性粉剂1000倍液等，具有较好的效果。

8. 地老虎　①加强田间管理、土地多次翻耕、精细整地、消灭杂草是灭除地老虎成虫产卵场所和杜绝其幼虫早期食料来源的重要措施。在地老虎发生后，尤其虫龄增大后，根据猕猴桃幼苗需水规律和天气状况及时灌水，地老虎随水钻入土壤深层会减轻对幼苗的危害。②地老虎幼虫3龄前，在猕猴桃苗圃地亩用2.5%敌百虫粉0.5～1千克，拌细土15～20千克，配成毒土，撒于苗床；也可用50%辛硫磷或敌敌畏乳油1000倍液，顺苗圃喷洒到苗心。虫龄增大后，进行毒饵诱杀，即用白酒50毫升、红糖150克、香醋200毫升、50%敌敌畏乳油100毫升，拌入25～30千克鲜菜叶中，于傍晚撒到田间。

9. 蝼蛄　①利用成虫的趋光性，在夜晚成虫活动盛期进行灯光诱杀；用电便利的地方，可大面积设置黑光灯诱杀害虫。若苗床发现虫道，则顺着道口滴少许废机油、煤油，然后灌水，蝼蛄当即爬出死亡。②清除杂草，深翻土地，结合灌溉人工捕捉害虫。③幼苗出土至有 3～4 片真叶时最易遭受该虫危害。可用菜油饼 8～10 千克加拌敌百虫 0.125%～0.2% 药液制成毒饼，傍晚撒于地面（切勿撒在苗上），每亩撒 1.5～2 千克。

第七章
葡　萄

一、优良采摘品种

（一）早熟品种

图 7-1　郑艳无核

1. 郑艳无核　中国农业科学院郑州果树所培育，2014 年 3 月通过河南省林木品种审定委员会审定（图 7-1）。亲本为京秀 × 布朗无核。果穗圆锥形，带副穗，无歧肩，穗长约 19.2 厘米、宽约 14.7 厘米，平均单穗重 618.3 克，最大单穗重 988.6 克。果粒成熟一致。果粒椭圆形，粉红色，平均单粒重 3.1 克，最大粒重 4.6 克。果粒与果柄难分离。果粉薄，果皮无涩味，皮下无色素。果肉硬度中等，汁液中等，有草莓香味，无核，含可溶性固形物 19.9%。

在河南郑州地区，该品种3月底至4月初萌芽，5月上旬开花，6月下旬果实开始成熟，7月中下旬充分成熟，从萌芽到果实成熟需120天左右。正常结果树一般产果2400千克/亩。

该品种叶片较抗葡萄霜霉病，果实较抗葡萄炭疽病和葡萄白腐病；篱架和棚架栽培均可。冬季修剪原则是强枝长留，弱枝短留，以短梢修剪为主；棚架前段长留，下部短留；由于坐果率偏高，因此结果枝可在开花后摘心；适宜华北及中东部地区种植。

2. 贵园 中国农业科学院郑州果树所培育，2014年3月通过河南省林木品种审定委员会审定（图7-2）。该品种为巨峰实生后代，叶片近圆形。果穗圆锥形，带副穗，中等大，穗长约17厘米、宽约11厘米，平均单穗重438.7克，最大穗重472.5克。果穗大小整齐，果粒着生中等紧密。果粒椭圆形，紫黑色，粒大。平均单粒重9.2克，最大粒重12.7克。果粉厚。果皮较厚，韧，有涩味。果肉软，有肉囊，汁多，绿黄色，味酸甜，有草莓香味。每果粒含种子1～3粒，大

图7-2 贵 园

多为1粒。鲜食品质中上等，含可溶性固形物16.4%、可滴定酸0.66%～0.71%。

在河南郑州地区，该品种3月下旬萌芽，5月中下旬开花，7月中下旬浆果充分成熟，成熟期比巨峰早15～20天。从萌芽至浆果成熟需137天左右。正常结果树一般产果1500千克/亩。结果稳定，丰产性好，早熟。

该品种抗葡萄霜霉病，较抗葡萄白腐病和葡萄炭疽病，但在多雨地区易感黑痘病、灰霉病；易受二星叶蝉、透翅蛾危害；花序大，花前应进行花序整理，以改善果穗外观；喜微酸性沙壤

土，要求钾肥充足；棚、篱架栽培均可种植，以长、中、短梢混合修剪为主；适宜华北地区露地栽培、设施促早栽培，南方多雨潮湿地区避雨栽培。

图 7-3　黎明无核

3. 黎明无核　欧亚种，无核品种（图 7-3）。果穗整齐，短圆锥形，大小适中，平均单穗重 437.5 克、最大单穗重 1 300 克。果粒附着紧密，不易落粒，平均粒重 6 克。果粒短椭圆形，黄绿色，果粉薄。果实硬脆而香甜，适口性好，品质优良，可溶性固形物含量为 18.9%。

4. 早夏无核　欧美杂交种，无核品种（图 7-4）。果穗大，平均穗重 700 克，果穗大小整齐；果粒圆形，经赤霉素处理的单果粒重可达 10 克左右。果皮紫黑色，果实容易上色，成熟一致。果粉厚，果皮厚而脆，果肉硬脆，有较浓的草莓香味，无核，品质优良。该品种从萌芽到成熟约 110 天，果实成熟后不裂果，抗病性强。该品种早熟、优质、抗病、丰产，易管理，适合大棚及露天栽培。

图 7-4　早夏无核

5. 早霞玫瑰 欧亚种，果穗中大，果皮紫黑色，果粒椭圆形（图7-5）。平均单粒重7克，有玫瑰香味，耐运输，抗病高产，亩产最高3 000千克左右。郑州地区4月上旬萌芽，5月上中旬开花，6月底完熟。该品种极早熟，栽培范围广，全国各地均可栽培，温室大棚栽培可提前至5月初成熟。

图7-5 早霞玫瑰

6. 夏黑 欧美杂种，三倍体无核（图7-6）。果实在自然状态下无商品价值，必须经激素处理。果粒对赤霉素等激素敏感，经保花保果处理后，单果粒重8～10克，果粒着生紧密，排列整齐。果实成熟时黑色，果肉硬脆，具有草莓香味；成熟后，可在树上挂果1个多月。该品种树势强，适应性广，既可露地栽培也可设施栽培，是一个较有发展前景的早熟无核优良品种。

图7-6 夏 黑

图 7-7　紫甜无核

7. 紫甜无核　果穗整齐，平均单穗重 500 克。果粒长椭圆形，无核，整齐度一致，平均单粒重 5.6 克。经"奇宝"处理后，平均单穗重 918.9 克，最大单穗重 1 200 克，平均单粒重 10 克（图 7-7）。自然生长状态下呈紫黑至蓝黑色，套袋果实呈紫红色；果皮厚度中等，较脆，与果肉不分离，着色容易，套袋葡萄可完全充分着色，且果穗果粒着色均匀一致；果肉质地脆，可切片，淡青色，果汁含量中等，含可溶性固形物 20% 以上，最高可达 24%，风味极甜，有奶香味。

（二）中熟品种

图 7-8　金 手 指

1. 金手指　欧美杂种。果穗中等大小，长圆锥形，平均单穗重 750 克。果粒性状奇特美观，长椭圆形，略弯曲，呈弓状，头稍尖，色泽金黄，故名为金手指（图 7-8）。平均单粒重 6 克，果皮黄绿色至金黄色，皮薄而韧，果肉甘甜爽口，有浓郁的冰糖味和牛奶味，风味极佳。7 月下旬成熟。花芽分化较差，产量偏低，果粒偏小，不耐运输，果实容易感染白腐病。该品种可在高消费地区种植，作为观光采摘或就近销售产品。

2. 户太 8 号　欧美杂交种，西安葡萄研究所选育（图 7-9，图 7-10）。果穗圆锥形，带副穗，平均单穗重 600 克以上，果穗大小整齐一致。果粒近圆形，紫红至紫黑色，平均单粒重 10.4 克，果粉厚，果皮厚，稍有涩味。果肉较软，肉囊不明显，果汁较多，有淡草莓香味，含可溶性固形物 17%～21%。

图 7-9　户太 8 号丰产状　　　图 7-10　户太 8 号成熟果穗

3. 醉金香　果穗特大，平均单穗重 800 克，最大穗重可达 1800 克，呈圆锥形，果穗紧凑（图 7-11，图 7-12）。果粒特大，平均单粒重 13 克，最大粒重 19 克，果粒呈倒卵形。充分成熟时果皮呈金黄色，果粒大小整齐，果脐明显，果粉中多，果皮中厚，果皮与果肉易分离，果肉与种子易分离，果汁多，无肉囊，香味浓，品质上等，含可溶性固形物 16.8%、可滴定酸 0.61%、维生素 C 5.85 毫克 / 百克果肉。

图 7-11　醉金香成熟果穗　　　图 7-12　醉金香丰产园

4. 巨玫瑰　由大连市农科院育成，是欧美杂交的四倍体大粒品种（图7-13）。果穗大，平均单穗重675克；果粒大，单粒重8～9克。果皮紫红色，着色好，果肉脆而多汁，有纯正浓郁的玫瑰香味，口感特别好。该品种坐果不太整齐，但抗病性强，易管理，耐储藏，耐运输，且贮后品种口味更佳。

5. 阳光玫瑰　阳光玫瑰有白南的血缘，虽属欧美杂交种，但具有典型的欧亚种特性（图7-14）。该品种果穗圆锥形，单穗重600克左右，最大穗重可达1800克，平均单粒重7～8克，激素处理后平均单粒重10～12克，且无核。果粒着生紧密，椭圆形，黄绿色，果面有光泽，果粉少。果肉鲜脆多汁，有玫瑰香味，含可溶性固形物20%左右，最高可达26%，鲜食品质极优，可以成为葡萄产业的替代推广品种之一。

图7-13　巨玫瑰

图7-14　阳光玫瑰

（三）晚熟品种

1. 圣诞玫瑰　欧亚种，果穗大，平均单穗重880克，最大单穗重2300克（图7-15）。果粒卵圆形，果皮初熟时鲜红色，充分成熟时深紫红色，在多雨地区避雨栽培的情况下着色良好。果粒着生中等紧密，平均单粒重8～10克。果实不裂果，不掉粒，耐贮运。果皮中等厚，果肉硬而脆，能削成薄片；肉质细腻，含可溶性固形物18%～22%，味浓香，风味甚佳，品质极上。果刷大而长，果粒着生极其牢固，极耐贮运，长途运输不脱粒，冷库可贮到翌年4月份仍保持新鲜。单果粒含种子2～3粒。单株产量高，二次挂果能力强。

2. 红宝石 果穗大，一般单穗重850克，最大单穗重1500克，圆锥形，有歧肩，穗形紧凑（图7-16）。果粒较大，卵圆形，平均单粒重4.2克，果粒大小整齐一致。果皮亮红紫色，果皮薄，果肉脆，含可溶性固形物17%、可滴定酸0.6%，无核，味甜爽口。

图7-15 圣诞玫瑰　　　　图7-16 红宝石

3. 摩尔多瓦 欧美杂交种，摩尔多瓦共和国育成，因此得名摩尔多瓦（图7-17）。果穗圆锥形，果粒圆柱形，平均单穗重650克，果粒着生中等紧密。果粒短椭圆形，蓝黑色，着色一致，单粒重8～9克，果粉厚，果肉软多汁，有肉囊，含可溶性固形物16%。该品种极丰产稳产，高抗霜霉病，可以做葡萄廊架栽培。

4. 红地球 果穗圆锥形，平均单穗重880克，果梗细长（图7-18）。果粒均匀整齐，果粒近圆形或卵圆形，红色或紫红色，平均单粒重12克，含可溶性固形物16.3%，果肉硬，耐贮运，最高亩产可达 5 000 千克。

图 7-17　摩尔多瓦　　　　　图 7-18　红 地 球

二、栽培管理

（一）葡萄栽培架式

葡萄架的建立是葡萄建园的一项主要基础工作，葡萄支架的选择应该以坚固耐用、取材方便为原则。葡萄的枝蔓比较柔软，设立支架可使葡萄植株保持一定的树形，枝叶能够在空间合理分布，获得充足的光照和良好的通风条件，并且便于在果园内进行一系列的田间管理。因此，在葡萄园中设立架是十分必要的。

（二）花果管理

1. 萌芽前管理　葡萄萌芽前分为 3 个时期：伤流前期、绒球期和萌芽期。从早春树液流动到绒球期这段时间叫葡萄伤流前期，一般从发芽前 20 天左右开始。当土壤表层 5 厘米处地温达到 8～10℃时，葡萄根系开始从土壤中吸收水分和营养物质，树体内液体流动并开始进行一系列的生化反应。

（1）**追施萌芽肥**　萌芽前 1～2 周，气温稳定在 10℃，芽眼开始膨大时即可追肥。为保证葡萄芽眼正常萌发和新梢迅速生长，需追施速效化肥。亩施尿素 5～10 千克，或三元复合肥 15～20 千克，同时加施硼肥、硫酸镁各 1 千克。

施用方法：在植株两侧开沟条施或全园撒施后浅翻。开沟或浅翻深度为 15 厘米左右，以增强根系活动，促进新枝生长，从而提高果枝数和结果率。施催芽肥的量要由园地的土壤肥力和品种而定，园地土壤肥力较好或冬季施基肥足够的葡萄园，可不施或少施；基肥中施有磷肥的可以不施或少施磷肥；长势旺的品种或落花落果严重的品种可不施肥。在晴天土壤温度适宜时进行中耕，中耕深度以 8～10 厘米为宜，以改善土壤通透性。

注意：此期只追肥，不施基肥。此期施基肥易使葡萄根系被切断，不易愈合，对植株水分和养分供应影响很大。

（2）灌萌芽水 浇灌萌芽水时要确保葡萄"喝"饱"灌"足，以满足葡萄萌芽抽枝的需要（图7-19）。

催芽水视园地土壤的含水量而定，干旱地区的葡萄园或大棚葡萄园应及时灌催芽水，灌水方式为漫灌或滴灌。若园地土壤

图 7-19 漫灌萌芽水

水分状况较好，则可不灌或少灌水。

（3）清园与消毒方法

①目的和作用 萌芽前清园与园内消毒的主要目的是防控、降低越冬病虫害基数，如介壳虫、绿盲蝽、白腐病、炭疽病等，对减轻生长季节的害虫危害，具有重要作用，务必引起高度重视。一般在果树萌芽前 5～7 天进行。

②方法 一是埋土区出土后进行复剪的园区，要及早清除园内枯枝、落叶、树皮等，并将其集中烧毁，清除越冬病原菌和越冬代害虫。二是绒球期，即芽已膨大、出现绒球但未见绿前，全

园彻底喷一次 3～5 波美度石硫合剂。绒球期也是绿盲蝽防治的关键时期，可使用毒死蜱等杀虫剂进行防治。

2. 萌芽后至 6 叶前管理

（1）**抹芽** 在萌芽时将无用的弱芽、畸形芽，多余的双生芽、三生芽、隐芽等抹去。有利于节省养分（图 7-20）。

图 7-20 抹 芽

抹芽原则：去弱留强，去密留稀，去叶芽、留花芽，但老树上的潜伏芽不可全抹去，以便用其培养更新枝。

（2）**抹梢** 抹梢于花序显露时进行，每 7～10 天抹 1 次，定梢时完成抹梢。抹梢根据定梢量判断，抹除较密、较弱及生长不正常的新梢。

（3）**病虫害防治** 设施栽培环境的湿度大，加上伤流等原因，植株在萌芽后易感染灰霉病，要及时防治，以免后期造成危害。

（4）**肥水管理** 新梢粗壮、卷须多且长的园区，应控水控肥，抑制新梢徒长、缓和树势；新梢细弱、花序小的园区，说明树体营养不足，应适当供应肥水，促进根系对营养物质的吸收，增强树势。

3. 葡萄 6 叶至花前管理

（1）**新梢摘心**

①摘心时期 花前一周至始花期均可进行，但以见花前 3～4 天为最佳时间。坐果率低的品种如巨峰系列，应适当早摘心；坐果率高的品种，如红地球、红宝石无核，以及一些保果处理的品种等，可适当晚摘心，甚至可以在坐果后再摘心。

②摘心程度 在摘心适期，摘除小于正常叶片 1/3 大小的幼

叶或嫩梢。摘心时间应为花前 3～5 天或初花期，摘除小于正常叶片 1/3 的幼嫩叶片。

③摘心方法　摘心程度要恰当。在营养枝上摘心时应该保留 6 片左右的枝叶，在结果枝上摘心时一般保留花序以上 4～6 片叶。

④注意事项　理论上是摘心越强坐果越好，但过强摘心会引起叶面积不足，反而会刺激新梢急速生长，对植株生长发育不利。巨峰系品种树势过强的和篱架栽培旺长的容易落花落果，但不宜过早、过强摘心，因为不正确的摘心反而会打乱植物体内的激素平衡，造成落果、大小粒、穗形不整齐等问题。建议直接采用调节剂保花保果，同时花前均不摘心，而是在花后剪梢。另外可适当稀植、扩大树冠，少施氮肥，扩大架形开张角度，选用棚架架形缓放树势等。因此对生长势强的品种或新梢，只将新梢先端未展叶部分的柔软梢尖掐去即可。

（2）定枝、绑蔓　定枝是在新梢长到一定长度，可看出有无花序并能分清强弱时，确定新梢量的。葡萄的定梢量既要保证足够的新梢留量，又要保证通风透光，定枝需掌握"四多、四少、四注意"原则。

四多：土地肥沃、肥水充足、树势健壮、架面较大的葡萄应多留枝。

四少：土地瘠薄、肥水较差、树势衰弱、架面较小的葡萄应少留枝。

四注意：注意新梢均匀分布，以每 15～20 厘米留 1 个新梢为宜；注意多留壮枝、双穗枝和花序大的枝；注意留老蔓光秃部位萌发的隐芽枝来填空补缺；注意选留健壮萌蘖作为老蔓更新的预备蔓。

绑蔓时要根据叶片大小确定定梢间距。

①大叶型葡萄品种　阳光玫瑰、醉金香、夏黑、早夏无核、藤稔等，按新梢间距 20 厘米左右定梢，亩定梢量 2 500 条左右。

②中叶型葡萄品种　户太8号、巨峰、鄞红、燎峰等，梢距18厘米左右，亩定梢2800条左右。

③小叶型品种　维多利亚、金手指、红地球、美人指、圣诞玫瑰、翠峰等易日灼的品种，梢距16厘米，亩定梢3100～3300条。

（3）**抹除副梢**　葡萄摘心后，由于营养回缩，副梢开始时生长很快。一般对结果枝花序以下的副梢全抹去，花序以上的副梢及营养枝副梢可留1片叶摘心，延长副梢（新梢顶端1～2节的副梢）可留3～4或7～10片叶摘心（视棚架大小长短而定），以后反复按此法进行。

注意：对强势新梢的副梢处理同样不宜过重，尽量及时轻摘心，已展开多片叶的也只掐梢尖，为避免郁闭，必须经常性地处理副梢。副梢应当分批抹除，一般在剪梢5天后开始抹除副梢（抹副梢与剪梢要间隔5天以上，避免冬芽逼发），先抹除果穗下部副梢，5天后再进行一次，逐步分批次抹除副梢。

（4）**疏花序**　为了控制产量，提高果实品质，应适当疏穗。双穗果枝一般疏除上部果穗，下部果穗弱于上部果穗时，也可疏除下部果穗保留上部果穗。细弱枝条上的果穗应及时疏除。

（5）**花序拉长**　一些使用植物生长调节剂保果或无核化处理的品种，如夏黑、早夏无核、醉金香等，以及部分坐果率高、果梗较短、果粒着生紧密的品种，疏果会耗费大量人工和时间，且疏果不到位还会使果粒相互挤压，穗型不规则，果粒大小不均匀，影响果穗外观。为解决此问题，常对这些品种的花序进行拉长处理，使果串松散、果粒均匀，提高果实的商品价值。将花序拉长后，果粒较稀疏，每亩疏果用工可减至2～3工。

①拉长时间　一般为花序分离期，也就是见花前15天左右，花序长度7～15厘米（平均10厘米）时是拉花的适宜时期。拉花过晚或当花序长度超过15厘米时再处理，效果不明显。

②拉长方法　花序长度7～15厘米时使用4～5毫克/升赤霉素均匀浸蘸花序或喷施花序（加入洗洁精），或使用美国奇

宝，1克美国奇宝加水 40～50 升，溶解混匀后均匀浸蘸花序一次（整株喷施会使叶片变薄，光合能力弱，不提倡整株喷施），可拉长花序 1/3 左右。

③注意事项 一是品种，可以拉穗的品种，除了坐果后果粒较紧密的品种可拉长花序，如夏黑、早夏无核、高妻、寒香蜜、金星无核、金锋、无核白鸡心、早熟红等之外，还有进行保果栽培的品种也可拉长花序，如京亚、醉金香等。另外欧美杂种花序很小的园区也可进行拉穗。不宜拉穗或不必拉穗的品种包括：坐果性能不好的品种巨峰，果穗分枝松散型的里扎马特，坐果后果穗不紧密的品种如奥古斯特、维多利亚等。多数欧亚品种不宜拉长花序，如红地球和红宝石无核使用赤霉素处理花序时易产生小青粒。阳光玫瑰、金手指葡萄不必拉长花序。二是拉穗不宜过早或离花期太近，否则可能出现严重的大小粒现象。三是进行花序拉长时，赤霉素浓度不宜过高，否则会引起果穗畸形。一些有核品种进行无核化处理的果穗，后期膨大后果粒较紧，也可先进行拉穗处理。

（6）**花序整形** 整形的作用：一是调控葡萄果穗大小。一般每个葡萄花序有 1000～1500 个小花，正常生产需要 50～100 个小花结果，品种不同果穗大小不一样。通过花穗整形，可以达到控制穗形大小，符合标准化栽培的要求。日本葡萄生产中，商品果穗一般 450～500 克/穗，我国很多地方夏黑、巨峰、藤稔达到 1000 克/穗以上，通过花序整形可调节坐果后果穗的大小。二是提高坐果率、增大果实，提高果实品质。三是调节花期的一致性。采取保留穗尖进行整穗时，穗尖花期虽然略迟，但开花期相对一致；特别是采用无核化处理的，有利于掌握处理时间，提高无核率。四是可以按要求调节果穗的形状，通过整穗调节葡萄果穗的形状，如柱状、圆锥形、掌状、情侣果穗等。五是有利于果穗的标准化。六是疏花可减少疏果用工。葡萄盛花前进行整穗时只疏除小穗，操作比较容易，整穗后疏果量较轻，有的果穗甚

图7-21　"去上去下留中间"花序整形图

至不需要疏果。

①传统整形法　即"去上去下留中间"整穗法。巨峰系品种普遍结实性较差，不进行花穗整理容易出现果穗不整齐现象。日本对巨峰系品种的要求是成熟果穗呈圆筒形，穗重400～500克，目前我国巨峰系品种的整形标准也主要是参考日本（图7-21）。具体方法：在见花前1周至见花期，去除花序穗尖极少部分（0.5～1厘米），由下往上计数，保留中间15～20小穗，再往上的副穗及大分枝全部去除。若花穗很大，花芽分化良好，则可不去穗尖，直接保留下部15～20个小穗。这样整形后所留花序长5～6厘米。

②仅留穗尖式整形　仅留穗尖整形法也是无核化栽培的常用整形方式（图7-22）。花序整形的适宜时期为开花前1周至初花期。方法：疏除歧穗和果穗肩部过大的小穗，只留穗尖，其余小穗全部疏除。也可在花穗中上部留两个小花穗，作为识别标记，在进行无核处理和膨大处理时，每处理一次去除一个小穗，避免遗漏或重复处理。

夏黑葡萄、早夏无核、8611：果穗重500～600克，留穗尖5～6厘米（图7-23）。

巨峰、巨玫瑰：果穗重500～600克，留穗尖5厘米左右。

藤稔、醉金香、阳光玫瑰等：果穗重700～800克，留穗尖6厘米左右（图7-24）。

红地球：果穗重800～1000克，留穗尖12厘米左右（图7-25）。

图 7-22 留穗尖整形方式

图 7-23 夏黑留穗尖 6 厘米整形后的果穗

图 7-24 阳光玫瑰留穗尖 6 厘米
整形后的果穗

图 7-25 红地球留穗尖 12 厘米
整形后的果穗

③剪短过长分枝的整形 巨玫瑰、醉金香、户太 8 号、鄞红等品种常用此法（图 7-26）。见花前两天至见花第三天，掐除花序肩部 3～4 条较长分枝的多余花蕾，留长 1～1.5 厘米的花蕾即可，把花序整成圆柱形。花序长度此时不用整理。

图 7-26 巨玫瑰掐短分枝整穗法及效果

有副穗的花序，花序展开后及时摘去副穗。

④隔二去一分枝的整形　红地球、圣诞玫瑰、红宝石等花序分枝较长的品种常用此法（图7-27）。本方法不改变果穗穗形，只是将果穗从过紧改为松散适度，便于果粒增大和上色。具体做法：见花前两天至见花第三天，去除副穗、掐穗尖，有时要去掉上部最长的1～2个大分枝，然后花序从上到下每隔2个花序分枝疏除1个花序分枝，要注意使花序分枝均匀地分布在穗轴上。该方式简单实用，果穗大小适中、松散，通风透光好，但果穗中部伤口多，易发病。

图7-27　红宝石无核葡萄隔二去一整形法

图7-28　红宝石无核掌状整形

⑤掌状整形　见花前两天至见花第三天，疏除下部多余花序，只保留中部和上部10～12个分枝，留下的分枝呈手掌状（图7-28）。该方式整形的果穗较宽，套袋不方便，果穗中部通透性差，容易挤压裂果，后期易发生严重酸腐病。

（7）**植物生长延缓剂控旺，促进坐果** 常用的生长延缓抑制剂有缩节胺、多效唑、矮壮素以及调环酸钙等。在花前 2～3 天至见花时，整株喷施 500～750 毫克/升的缩节胺（助壮素），结合配套栽培管理措施，可抑制葡萄枝条旺长，提高巨峰、巨玫瑰、醉金香、户太 8 号、鄞红等品种的坐果率，可代替专用保果剂的使用，降低果皮变厚、发涩的风险。

（8）**花前叶面肥** 花前使用叶面肥可提高叶面厚度，增强光合效率，促进花序发育。推荐海绿肥、海藻素或海藻肥＋0.2%～0.3% 磷酸二氢钾 ＋ 春雨一号，建议喷施 2～3 次叶面肥。

4. 开花至坐果期管理

（1）**有核品种无核化** 葡萄无核化栽培是通过良好的葡萄栽培技术与葡萄无核剂处理相结合，使原来有籽的大粒葡萄果实的种子软化或败育，使之达到大粒、早熟、无核、丰产、优质抗病的目的。

（2）**保花保果** 对于坐果率偏低的品种及遭遇不良天气影响坐果的葡萄，常需要使用植物生长调节剂来提高坐果率，增加产量。

生产中推荐使用赤霉素大果宝（江苏省农垦生物化学公司生产）或噻苯隆（中国农业科学院植保所廊坊农药厂生产）进行保果（图 7-29）。用法用量：一包赤霉素大果宝加水 10～15 升（一包噻苯隆加水 6～7.5 升），于见花后 6～10 天（夏黑等品种为谢花前 3 天至谢花后 3 天）一次性均匀浸蘸或喷施果穗。若开花不整齐，则需分批处理，分别于见花后 6、8、10 天进行处理。药液中可混配施佳乐嘧霉胺、保倍等药剂防治灰霉病、穗轴褐枯病。

使用植物生长调节剂保果时，主要采取药剂浸蘸和喷施果穗法，因为赤霉素和细胞分裂素在葡萄果穗内的移动慢，容易产生小果或青果。药剂应严格按照规定浓度使用，否则易产生药害。药剂禁止和碱性肥料、农药混合使用，避开高温和阴雨天进行。露地栽培若在处理后 6 小时内降雨，需酌情再处理 1 次。

　　在使用调节剂促进幼果生长时，不用丙环唑、三唑酮等对幼果生长有明显抑制作用的药剂，可用咪鲜胺或咪鲜胺锰盐、异菌脲等代替。在葡萄坐果后可用安可等代替或避开这个时期用药。

图7-29　户太8号使用噻苯隆后的保果效果

　　（3）**花后叶肥**　建议喷施3次以上叶面肥（套袋会影响果实对钙的吸收，宜喷施能在植株体内移动的钙肥，以提高果实硬度，改进果实品质，减轻水灌病发生），推荐使用海绿肥、海藻素等海藻肥＋0.2%～0.3%磷酸二氢钾＋春雨一号＋果蔬钙肥或果滋润。

　　（4）**定穗整穗**　坐好果即可定穗，也就是在谢花后1周开始定穗。定穗宜早不宜晚，要按定穗计划定穗。要一次定穗，不宜多次定穗。每亩定梢2 500～3 000条，定穗一般不超过2 200穗。5条枝蔓留4穗或3条枝蔓留2穗。

　　剪除穗形不好、开花晚、果粒呈淡黄色的果穗。定穗后剪除过长穗尖。如夏黑剪留16～18厘米穗长，果穗成熟时穗长22～25厘米、宽13～15厘米。

　　（5）**及时疏果**　葡萄果粒似黄豆粒大小时开始疏果，通常与疏穗一起进行。对于大多数品种，在坐果稳定后越早进行疏粒越好，增大果粒的效果也越明显。但对于树势过强且落花落果严重的品种，疏果时期可适当推后；对有种子的果实来说，种子的存在对果粒大小影响较大，最好等落花后能区分出果粒是否含有种子（大小粒分明）时再进行为宜，比如巨峰、藤稔要求在盛花后15～25天完成这一项作业。

每穗留约50粒（巨峰、藤稔等）、60～80粒（阳光玫瑰、红地球等）、90～110粒（夏黑、巨玫瑰等），成熟果穗松紧适中，一般穗重500～1 000克（平均重750克）。

完成疏果后，应该及时喷施一次杀菌剂，以减少疏果时剪口感染病菌的概率。加强园区的肥水管理，疏果后葡萄将进入第一次膨果期，要重视膨果肥的使用。

（6）控制负载 每亩产量一般不超过1 500千克，负载量过高会影响果粒大小、含糖量、着色和成熟期。

5. 果实膨大至转色前管理

（1）果实膨大 消费者对大果粒葡萄的追求促使鲜食葡萄向大粒化发展。除育种途径和栽培管理措施之外，植物生长调节剂的合理应用也是一条有效途径。利用植物生长调节剂促进果粒增大的成本低、效果好，深受种植者的喜爱。目前，植物生长调节剂在巨峰、藤稔、红地球等有核葡萄及无核白、夏黑等无核葡萄品种上都有应用，但切忌盲目滥用，浓度过高会使果粒太大，造成果梗粗硬、果实脱落、裂果、含糖量下降、着色不一致、成熟期推迟、品质变劣等副作用，得不偿失。生产中常用的果实增大剂及使用方法如下。

①赤霉素 一是在无核葡萄上使用赤霉素，一般均采取花后一次处理的办法，浓度通常为50～200毫克/升，使用适期为盛花后10～18天。二是三倍体葡萄促进坐果时喷一次，为增大果粒时再喷一次，距首次使用间隔10～15天，浓度为25～75毫克/升。三是有核葡萄也可用赤霉素增大果粒，尤其在巨峰系葡

萄品种上使用较多，时间在花后 12～18 天，浓度通常为 25 毫克／升。

②奇宝　红地球葡萄于花后果粒横径约 4 毫米和 12 毫米时各使用奇宝 20 000 倍液（每克加 20 升水）浸蘸一次和喷施果穗一次，可以显著促进果粒膨大，配合叶面肥和生长素、细胞分裂素使用，效果更好。其他葡萄品种使用方法可参考赤霉素。

③吡效隆　吡效隆对葡萄浆果膨大有显著作用。与赤霉素相比，其特点是促进浆果增大的效果更显著，使用浓度较低，不易产生脱粒现象。其使用浓度一般为 2～10 毫克／升，处理时间一般在花后 7～15 天。

吡效隆使用浓度不宜过高，否则易产生成熟期延迟、着色不良、含糖量下降等副作用。与赤霉素混合使用具有提高效果、降低使用浓度、延长处理适期、减少副作用的效果。通常在葡萄上喷施时，以 1～5 毫克／升吡效隆混合 25 毫克／升赤霉素处理，在增大果实的同时，果形变短的副作用较轻。

④噻苯隆　噻苯隆同吡效隆一样，也是一种细胞分裂素，葡萄坐果后喷施或浸蘸果穗可显著增大果实大小，使用方法同吡效隆。

⑤赤霉素、吡效隆、链霉素（SM）复合增大剂　赤霉素与吡效隆或噻苯隆以复配的方式来膨大葡萄是目前常用的方法。若花后 10 天使用赤霉素 25 毫克／升＋吡效隆 2～5 毫克／升＋链霉素 200 毫克／升处理无核白鸡心葡萄果穗，膨大效果较好，好于单独使用赤霉素的处理。链霉素可减少果蒂增粗、降低果柄木栓化的作用。

（2）及时套袋　果实膨大处理后及时套透光率高的优质果袋，可以有效防病、防虫、防尘、防蜂、防鸟，并保证果穗美观。

①套袋时间　一般在 6 月中下旬进行，宜在上午 8～10 时、下午 4 时以后进行套袋。

②套袋方法 套袋前，全园喷一遍苯醚甲环唑、嘧菌酯、戊唑醇等杀菌剂，重点喷布果穗，药液晾干后再进行套袋。将袋口端6～7厘米浸入水中，使其湿润柔软，便于收缩袋口，提高套袋效率，并能将袋口扎实扎严，防止病原、害虫及雨水进入袋内。套袋时先用手把袋撑开，将两底角的通气放水口张开，使纸袋整个鼓起，然后将整个果穗全部套住，穗梗置于袋口中部，再从袋口两侧向中间折叠，两侧折叠到中部后，再用一侧的封口丝紧紧扎住。

图7-30 葡萄主干环剥

（3）施膨果肥 葡萄果实膨大期建议分两次施入氮、磷、钾肥各15～20千克的三元复合肥，每次施入普通复合肥15～20千克/亩或水溶肥5～6千克/亩，促使果实膨大，提高果实品质。

（4）主干环剥 果实膨大初期进行主干环剥可使果粒增大5%～10%；硬核期进行主干环剥具有改善果粒着色、提高含糖量、提升品质以及促进早熟等优点（图7-30）。环剥宽度不要超过主干径粗的1/5，不要伤及木质部，剥后封口浇水。弱树不可环剥。

（5）转色至成熟期管理 果实转色至成熟期管理的技术关键是促进果实着色，增加果实含糖量，提高果实品质。

①重视钾肥 葡萄有"钾质植株"之称，需钾量较大。硬核期和着色期分两次施入硫酸钾，每次施入15～20千克/亩，可改善果实着色和提升果实品质，提高植株抗性。葡萄浆果软化后，叶面喷钾肥能促进浆果着色均匀，提早成熟。可在浆果期每亩施30千克硫酸钾的基础上，每隔7～10天叶面喷施1次0.3%的磷酸二氢钾或3%～5%的草木灰浸出液。

②摘除基叶　果实临近成熟，果实周围的叶片老化，光合作用降低，适当摘除结果枝基部老叶片，不仅不影响果实的成熟，还会增加果实表面的光照和有效叶面积的比例，有利于树体的养分积累，加快浆果成熟。但摘叶不宜过早，以采收前 10 天为宜，但如果利用夏芽副梢二次结果技术，则老叶摘除时间可提前到果实始熟期。

③摘袋、转果　一些不易着色的品种，为了促进着色，可在采收前 10 天左右去袋，并适时转动果穗充分接触阳光。红地球等红色葡萄品种的着色程度会因光照的减弱而降低，采收前20 天左右需要去袋。葡萄去袋后一般不再喷药，但要注意防治金龟子。

注意事项：去袋时为了避免高温伤害，不要将纸袋一次性摘除，而是先把袋底打开，使果袋在果穗上部戴一个"帽"，以防止鸟害及日灼。摘袋时间宜在上午 10 时以前和下午 4 时以后进行，阴天可全天进行。

三、葡萄采后管理

（一）采后病害防治

葡萄采收后要注意叶片保护，重点是霜霉病的防治和控制，避免因霜霉病的危害造成早期落叶，养分流失，枝条生长不充分，冬季抽条或死树等问题。

（二）基肥施用时期及方法

1. 施用时期　早、中熟品种在果实采收后施基肥，晚熟品种则是在果实采收前施用为好。葡萄在果实采收后，根系生长量较大，吸收机能活跃，此时施肥有利于根系吸收。实践证明，秋季施用基肥的果树花芽分化良好、翌年果实质量有明显提高。

2. 施用方法 开沟进行施用，将肥料施入根系的主要分布层。施肥不能太深或太浅，也不宜太近或太远，以免影响肥效。葡萄树定植当年沿着葡萄定植时的定植沟边缘向外扩张施肥。施基肥时，在葡萄定植沟的两侧各开挖一条沟。沟的深度应结合不同地区具体掌握，南方雨水较多地区和黏土地上的葡萄根系分布较浅，沟挖的应适当浅些。基肥一般是有机肥与复合肥混合使用，充分腐熟的鸡粪、羊粪等较好，若土壤为黏土，则可适当加入腐熟的牛、马粪，能有效地改良土壤结构。

（三）浇 水

施肥后浇一次透水。冬季在土壤封冻之前再浇一次防冻水，保护葡萄根系不受冻害，特别是寒冷年份，也可浇二次防冻水。

（四）冬季修剪

1. 修剪时期 一般在落叶后的一个月左右开始至翌年春季发芽前一个半月左右时最好。过早或过晚修剪都会造成营养物质的流失。过早修剪还会造成葡萄树体耐寒性降低，过晚修剪易削弱树势。埋土防寒的地区一般在埋土前完成初剪。

2. 修剪方法

（1）枝条修剪部位 1年生枝条剪留的具体部位在节间的中部和上部。葡萄两个芽之间部位的髓心较大，芽所在处的髓心较小或者没有髓心时，如果剪口离芽太近，那么枝条失水后容易使芽干枯死亡。因此，剪口应在两个芽中间偏上位置或在上面芽的部位进行破芽修剪。尤其是在进行短截、超短截或春季修剪过晚时，这样可避免对所保留芽造成较大损伤。

（2）修剪方法

①极短梢修剪 当年生枝条修剪后只保留一个芽的，称为极短梢修剪，此方法适合结果性状良好的品种、花芽分化好的果园及架式。

②短梢修剪　当年生枝条修剪后只保留2～3个芽的称为短梢修剪。在管理较为规范、花芽分化较好的地块均可采用短梢修剪。

③中梢修剪　当年生枝条修剪后保留4～7个芽的称为中梢修剪。适用于生长势中等、结果枝率较高、花芽着生部位较低的欧亚种。

④长梢和超长梢修剪　当年生枝条修剪后保留8～11个芽的，称为长梢修剪。长梢修剪适应于生长势旺盛、结果枝率较低、花芽着生部位较高的欧亚种。当年生枝条修剪后保留12个芽以上的称为超长梢修剪。大多数品种延长头的修剪多采用超长梢修剪。

（3）修剪方法的确定

①品种的结果习性　一般来说，结实力较强的品种适合短梢，中、短梢修剪；生长旺盛、结实率低的品种适合中、长梢修剪为主的方法。

②环境条件　在干燥少雨的西部、西北部地区，花芽分化良好的，修剪时应较其他地区剪留节位适当减少。在多雨的东南地区，剪留节位应适当增加。沙质土壤的果园，剪留节位应适当减少。

③栽培管理　在夏季管理规范、新梢多次摘心、后期霜霉病等防控较为及时且没有造成较大影响的果园，冬季修剪时，剪留长度可适当缩短。在氮肥使用偏多、新梢出现徒长等情况的果园，冬季枝条剪留长度适当延长。

④枝条生长状况　棚架或水平架上当年生枝条生长较为平坦、花芽分化较好时，冬季修剪的留长应适当短些。直立枝条花芽分化相对较差，可适当长剪。采用短、中、长梢混合修剪，处理好结果枝与更新枝的关系，可以避免结果部位过分上移。生长势弱的枝条，剪留应适当短些。

（五）冬季清园和病虫害预防

冬季果园应及时剪除病虫、枯叶，将其集中烧毁或深埋。铲除园内杂草、深翻园土。做好当年种植幼苗的防寒防冻工作。南方葡萄园最好做好土壤翻耕、培土工作，可增加地力，并做好冬季修剪工作。将园区内的落叶、落果、病枝和杂草集中深埋或烧毁，尽可能杀灭病源，减少病虫害越冬数量。对越冬虫卵、黑痘病、炭疽病、霜霉病、白粉病、褐斑病等疾病进行提前预防。防治方法：一是剥净主干、主蔓的老皮，剪除病虫枯枝，清扫落叶，集中烧毁；二是全园喷5波美度的石硫合剂。

四、果园生草

我国葡萄发展面临两个较为突出的问题，一是土壤有机肥含量普遍偏低，严重制约着葡萄质量的提高。二是目前相当一部分的葡萄园仍以清耕为主，地表裸露导致夏季土壤温度过高，影响根系对土壤水分的吸收利用，并且使土壤水分蒸发严重，加剧土壤干旱，对葡萄的生长发育产生不良影响。果园生草通常在春季或秋季进行，可有效缓解以上问题，促进果园可持续发展。

（一）现代葡萄生产对土壤肥力的基本要求

土壤肥力是土壤的基本属性，是土壤从植物营养和环境条件方面供应和协调植物生长的能力。增加养分供应是提高土壤肥力的主要措施，而土壤中有机质的含量是决定土壤肥力的重要因素。土壤一般分为黏土、沙土、壤土三种。黏土保水保肥力好，但通透性较差；沙土通透性较好，但保水保肥力较差；而壤土则集中了二者的优点，壤土偏沙的土壤质地有利于果树生长发育。高产、优质的现代化果园要求土壤中要有较高的有机质含量，以保证提供给果树长发育所需要的各种营养成分。

有机质含量增加了，土壤的通气性、保水保肥性、土壤微生物的活性等就会明显提高。土壤微生物活性强，可以加速土壤不同营养物质的利用，提高各种肥料的利用效率，改善果实含糖量、果实风味、外观色泽等；此外，土壤有机质对重金属、农药等各种污染有显著调节作用。目前，我国大部分果园土壤有机质含量不足1%，而优质、稳产果园对有机质的基本要求是1.5%～2.0%，而日本等一些发达国家的优质果园有机质含量甚至可达到7%以上。

（二）果园生草的生态效应

1. 生草对葡萄园土壤的生态效应　果园生草可以促进土壤营养的变化，果园连年生草可以增加土壤有机质含量。适合果园的绿肥作物如苜蓿、苕子等，均属于豆科作物，这些绿肥作物不仅自身具有固氮能力，而且可以从一定程度上吸收利用土壤中被固定的一些元素。果园生草还可以改善土壤中微生物的活动，改善土壤微环境，提高土壤表层碳、氮、磷的转化，加快土壤热化。

良好的土壤结构是葡萄优质高产的土壤基础。果园生草后，草根的分泌物及留在土壤中的草根对微生物的活动十分有利，利于土壤团粒结构的形成和土壤腐殖质的增加，提高土壤对酸碱度的缓冲能力。

2. 生草对葡萄园环境的生态效应　果园土壤地表如果缺乏植被，那么地表裸露会提高地表温度。调查发现，当地表裸露时，尤其是在较为松软的干燥土壤上，地表温度会高于气温10℃以上。这在炎热的夏季，过高的土壤温度一方面会诱发田间高温降低果实品质，甚至会导致果实日灼病的大发生；另一方面，过高的地温会影响到葡萄根系对营养物质的吸收，导致中午前后叶片气孔更长时间的关闭而降低光合作用。果园生草在夏季可有效地降低果园土壤温度和近地一定高度的气温，从而改善甚至避免以上问题。

3. 生草对葡萄生长发育的生态效应　　目前，我国葡萄生产提倡行间生草、行内覆盖。葡萄根系较深，为避免草与葡萄争夺土壤养分，在选择草的类型时，可优先考虑那些根系较浅的品种。此外，可适当增加土壤表层的肥水供应，促使草的根系分布在地表的一定区域内，减少其对葡萄根系附近肥料的争夺。对田间生草的保护和利用，是提高土壤有机质积累，改善园区小气候，改善果实品质的有效方法。

第八章
草 莓

一、观光采摘园的建园与经营管理

随着人们物质文化生活水平的快速提高，为适应市民观光休闲需求，城市郊区的草莓采摘业蓬勃发展，草莓市场供应总量也大幅提高。采摘是具有鲜明都市特色的消费方式，吸引市民的不仅仅是诱人的草莓果实，还有消费时整体氛围的体验，如视觉、听觉和嗅觉等。草莓采摘集观光、休闲、旅游于一体，使单纯的农产品变成了旅游产品，其单位价格往往是商超售价的2～4倍，大大高于市场售价。

（一）园址选择与规模

优越的区位条件是采摘园提高市场竞争力的重要因素。园址周边交通要方便，最好在城市近郊、旅游景点附近、靠近国道或省道等客流量大的地方，没有草莓种植的地区更好。大、中、小型城市都有采摘需求，均可建园。草莓适应性较强，但要获得优质高产果品，必须选择地面平整、阳光充足、土壤肥沃、排灌方便的田块。草莓采摘园的规模可大可小，农户可根据城市的大小、当地采摘园的数量和自身实力来确定，一般小型采摘园为5～20亩，大型采摘园50～100亩均可。

（二）棚室设计

1. 日光温室的设计　日光温室分不加温日光温室和人工加温日光温室两种。加温日光温室是在设施内增加了暖风机、火炉管、火炉墙等设施。

（1）总体设计　温室南侧底脚至北墙根的距离为跨度，跨度大，土地利用率高，但坚固性较差，一般以 8～10 米左右为宜，温室高度（温室屋脊至地面垂直距离）以 2.8～3.3 米为宜，过高不利于保温，过低不利于采光和室内空气流通。温室长度可根据地形来确定，不做严格要求，但每个温室的有效面积最好能达到 800～1 000 米^2。

（2）采光设计　为了保证良好的栽培效果，温室应坐北朝南。采光屋面要有一定的角度，使采光屋面与太阳光线所构成的入射角尽量最小。因为太阳位置有冬季偏低、春季升高的特点，所以在温室的前沿底角附近，角度应保持在 60°～80°。

2. 拱棚的设计　日光温室虽然保温性能好，但结构、施工复杂，成本较高。塑料大棚结构较简单，成本也较低，便于大面积推广，而且只要设计施工合理，措施得当，也能取得较好的保温效果。

（1）总体结构及设计　为使棚内光照分布均匀，大棚一般南北走向（即南北延伸）。大棚的骨架可选择钢管、钢筋水泥预制结构、竹木结构、金属结构或其他复合材料。棚面设计成拱形，接近地面处增大棚面与地平面夹角（70°～90°为宜），构成"肩"。"肩"的高度为 1.0～1.3 米，这样可以充分利用棚内空间。棚跨度，即棚宽 6～8 米，脊高 2.4～2.6 米，南北长度 80 米左右，即每棚面积 640 米^{2}左右为宜。棚过大不利于农事操作，过小则土地利用率低，棚内温度波动大。

（2）棚间距　棚间距设置要考虑到遮阴度、作业是否方便和土地利用率等因素，一般东西相邻两棚间隔 1.5～2.0 米，南北两棚间距为棚高的 0.8～1.5 倍为宜。

（3）覆盖材料及通风设计　因为棚内外存在温差，使用普通聚乙烯薄膜常在膜内表面形成大量水滴，这样会严重减弱棚内光照强度，增加环境湿度，对草莓生长发育不利，所以无论日光温室还是塑料大棚，均要求使用透光性能良好的无滴膜。为增强保温效果，温室和大棚膜外均需加盖 3～5 厘米厚的草苫（稻草苫、蒲草苫、麦草苫、棉苫、无纺布苫等）。通风与保温同样重要。通风设计要求施工简单，通风效果好。一般在温室的北墙设置若干通风窗，根据通风需要，可打开一个或几个窗。温度过高时，可在温室的采光面两幅薄膜间"扒缝"，"缝"的大小根据需要而定。这样，空气通过"缝"与通风窗对流，加强了通风效果。塑料大棚以"扒缝"通风为好。根据通风需要，可单侧"扒缝"，也可双侧"扒缝"，"缝"可大可小，灵活方便。

（三）品种选择

草莓采摘园在进行品种选择时，除要考虑品种的适应性、丰产性和品质等常规因素外，还需考虑以下两点：①由于草莓采摘园的大多数顾客是市民和旅游者，因此草莓的成熟期应尽量与节假日和旅游旺季同步，这样顾客才能多；②一个采摘园至少应配置 2～3 个成熟期、口感不同的品种，以延长采收时间，满足不同的消费需求，同时还可增加互相授粉的机会，提高坐果率；同时可以适当安排一部分露地栽培和半促成栽培草莓来保证采摘不断档。目前比较适合采摘园种植的品种有红颜、章姬、宁玉、幸香、甜查理、丰香等。

（四）管理措施

1. 生产管理　一个栽培面积为 20 亩的草莓采摘园，需要技术员 1 个和长期工人 5 个左右，在定植等农忙季节根据情况适当增加临时工，技术员负责整个园区的日常管理和技术指导，指挥工人进行规范化生产。每个工人负责 4 个左右大棚的生产工作，负责的大棚长期固定，生产期间工人统分结合，有需要集体协作的工作就集体行动，平时各自负责各自的大棚。订立园区生产管理制度、安全生产制度、奖惩制度等，并严格执行，保证生产的顺利进行。

2. 采摘管理 设立游客接待处，安排一个负责人，负责来客接待和收银。游客进园后由接待处负责人通知工人领游客进棚采摘，接待处负责人要及时安排游客进棚采摘，合理疏导客流，避免游客等待时间过长或部分大棚人员过多、过少。进棚之后，工人要做好引导和疏散工作，引导游客到成熟果实较多的地段采摘，不要挤在门口或某一个地段；教授采摘方法，维持秩序，以免游客因打闹嬉戏、随意踩踏等活动而破坏草莓。采摘结束后工人领游客到接待处包装、过秤、装箱，接待处打印 3 联单或做好记录，方便统计产量和对工人进行奖励，可由接待处收银。

（五）宣传营销策略

做好宣传，引导市民采摘。通过平面媒体、电视广告、网络、微信等形式进行宣传，举办草莓采摘节来扩大影响力和知名度，有条件的话可以将其作为当地旅游线路上的一个景点。

河南洛阳有一家草莓采摘园，2013 年秋季建园，栽培面积 18 亩，收益非常可观。2014 年秋采摘园计划扩大面积，以下是他们的宣传营销方案：一是平面媒体，该采摘园紧邻国道，在采摘园的大门左右两侧各做一个大型喷绘广告牌，上面有采摘园名称、诱人的草莓图片、采摘的欢乐场景、采摘服务内容等，在采摘园的围墙上也做宣传喷绘，门外两侧插上彩旗。印制宣传单页和采摘代金券，在商场、机关、学校、酒店、宾馆等单位附近发放。采摘代金券在采摘时每人每次限用一张，吸引游客采摘。二是电视广告，于草莓成熟前在当地的电视台做广告宣传，也可做字幕广告。三是网络宣传，建立采摘园网站，做一段时间的网络推广，另外可以利用微信、博客、论坛、QQ 群进行宣传。四是举办当地的草莓采摘节，组织形式灵活，规模可大可小。

日本农园的草莓采摘也很有特色，我们可以作为参考。日本草莓以鲜食为主，主要销售渠道为包装销售和游人采摘两种，他们很注重园区宣传，用以引导市民休闲消费。农园通常会印制各种艳丽的彩页，放在车站、酒店或景点的宣传栏中进行宣传。在宣传的同时，农园的标识也值得我们学习。通常在草莓园的非集中区，一个独立且深远的农园会在几千米外就沿途设立标识，在路边插放印有草莓、相关漫画和农园名字的各色彩旗。一路循来，很容易就找到目的地了，有趣且有人情味。去采摘的市民，通常只能在棚室内停留 30 分钟，在这 30 分钟内可以尽情地品尝，但不允许将果实带走。每人消费 1 200～1 700 日元，相当于 3～5 盒草莓的价格，来采摘的市民络绎不绝。如果在采摘之余，还想带些草莓回去，那么在农园的附近会有直销店，专门销售包装好的草莓供市民购买。

二、优良采摘品种

据不完全统计，目前全世界有草莓品种 3 000 多个，各地在生产上应用的品种也有 300 多个，但栽培面积较大的品种也就几十个。生产者对鲜食品种的一般要求为果实大、颜色鲜艳、果形正、硬度高、风味好、丰产性能强、抗病性强，但这种"十全十美"的品种十分少见。根据引入来源地的不同，生产上栽培面积较大的品种分为国内自育品种、日韩品种和欧美品种三类。现将这三类品种中适合采摘园种植的品种介绍如下。

（一）国内育成品种

1. 华艳　中国农业科学院郑州果树研究所培育，暂定名华艳。该品系植株长势强，为中间型，株高 15.2 厘米，冠径 33 厘米。匍匐茎抽生能力强。叶片黄绿，圆形，长 5.2 厘米，宽 4.4 厘米；叶片革质粗糙，叶柄长 9 厘米。花粉发芽力高，授粉均匀，坐果率高，畸形果少。果实圆锥形，果个均匀，红色，果面平整，纵横径为 6.3 厘米×4.5 厘米，光泽度强。果基无颈、无种子带，种子分布均匀，果尖易着色。果肉红色，髓心红色；香味浓，脆甜爽口，含可溶性固形物 12%，硬度大，耐贮运。果大，丰产，一、二级序果平均单果重 21.4 克，最大果重 32.6 克，产量一般可达到 2 476 千克/亩。该品种抗炭疽病和白粉病。

该品种在郑州地区温室促成栽培时，9 月上旬定植，10 月中旬显蕾，10 月 25 日始花，12 月 1 日为初果期，12 月中下旬为盛果期，连续结果性强。

2. 京藏香 北京市农林科学院培育品种，2013 年审定。母本为早明亮，父本为红颜。果个中等，圆锥形，亮红色，硬度中等，风味佳，香味浓，连续结果能力强，果实成熟期与甜查理相近。在 2013 年第九届中国草莓文化节上荣获"长城杯"。适栽区已推广至北京、辽宁、山东、云南、内蒙古、河北等地，也适合西藏高海拔地区栽培。该品种适合促成栽培。

3. 白雪公主 北京市农林科学院林业果树研究所培育的新品种。株型小，生长势中等偏弱，叶色绿，花瓣白色。果实较大，最大果重 48 克，果实圆锥形或楔形，果面白色，果实光泽强。种子红色，果肉、果心白色，果实空洞小；含可溶性固形物 9%～11%，风味独特，抗白粉病能力强。本品种已在北京、河南、河北、辽宁、安徽等省（市）试栽，适合促成栽培。

4. 宁玉 江苏省农科院园艺所选育，株半直立，长势强，株高 12～14 厘米，冠径 26.8 厘米×27.2 厘米。匍匐茎抽生能力强。叶片绿色，椭圆形，长 7.9 厘米，宽 7.4 厘米；叶面粗糙，叶柄长 9.3 厘米。花冠径 3 厘米，雄蕊平于雌蕊，花粉发芽力高，授粉均匀，坐果率高，畸形果少；平均花房长 12.9 厘米，分歧少、节位低，每花序 10～14 朵花。果实圆锥形，果个均匀，红色，果面平整，光泽强。果基无颈、无种子带，种子分布稀且均匀。果肉橙红，髓心橙色，味甜，香浓，含可溶性固形物10.7%、总糖7.384%、可滴定酸0.518%。果大丰产，一、二级序果平均单果重24.5克，最大果重52.9克，产量一般可达2212千克/亩。该品种抗炭疽病、白粉病。

该品种早熟，在南京大棚促成栽培时，9月上旬定植，10月中旬显蕾，10月20日左右开花，11月20日左右为初果期、二序花显蕾，12月底三序花显蕾，连续开花坐果性强。

5. 久香 上海市农业科学院林木果树研究所选育。该品种生长势强，株形紧凑。花序高于或平于叶面，7~12朵/序，4~6序/株。匍匐径4月中旬开始抽生，有分枝，抽生量多。根系较发达。果实圆锥形，较大，一、二级序果平均单果重21.6克。果形指数1.37，整齐。果面橙红色，富有光泽，着色一致，表面平整。种子密度中等，分布均匀；种子着生处微凹，红色。果肉红色，髓心浅红色，无空洞。果肉质细，质地脆硬；汁液中等，甜酸适度，香味浓；含可溶性固形物9.58%~12%（设施栽培）、可滴定酸0.742%。

在上海地区花芽形态分化期为9月下旬。设施栽培花前1个月内平均抽生叶片4.59枚；一级花序平均花数14.33朵，收果率61.7%，商品果率93.95%。一序花显蕾期为11月中下旬，始花期为11月18日，盛花期为12月2日；一序花顶果成熟期为1月上旬，商品果采收结束期为5月中旬，商品果率均在82%以上；病果率仅为0.41%~1.06%。田间调查结合室内鉴定，该品种对白粉病和灰霉病的抗性均强于丰香。

6. 越心 浙江省农业科学院园艺研究所草莓以优系03-6-2（卡麦罗莎×章姬）为母本，幸香为父本杂交选育而成的早熟草莓新品种，在浙江省地区11月中下旬成熟。果实短圆锥形或球形，顶果平均重33.4克，平均单果重14.7克。果面平整、浅红色、具光泽，髓心淡红色，无空洞，果实甜酸适口，风味甜香；

果实平均可溶性固形物含量为 12.2%，平均硬度 292.8 克/平方厘米。该品种中抗炭疽病、灰霉病，感白粉病，平均产量 2 490 千克/亩以上，适合设施栽培。

（二）日韩鲜食品种

1. 香野　植株生长势强，结果多。果实呈标准的圆锥形，果粒大，横径可达 5～6 厘米，单果重可达 50～60 克，果面平整，深红色，有蜡质感。果肉细润，甜绵，糖酸比高，入口清爽怡人。该品种丰产性好，耐寒性和抗病性较强。

2. 圣诞红　极早熟品种，植株直立，平均株高 19 厘米。成花能力强，连续结果能力强，产量高，平均单株产量为 486 克。花序分枝，授粉率高，畸形果少，商品果比例大。果实表面平整，有光泽，果面颜色红色，果肉橙红，髓心白色，无空洞，80% 果实为圆锥形。一、二级序果平均单果重 35.8 克，最大果重 64.5 克。果肉细，质地绵，口感极甜，含可溶性固形物 13.1%。果实硬度和耐贮性强于红颜。该品种对白粉病和灰霉病均有较强的抗性，中抗炭疽病，耐寒性和耐旱性较强。果实口感极佳，适合亚洲消费者的需求，是生产优质鲜果和建立采摘果园的首选品种。

3. 甘露　植株长势旺盛，耐低温能力强。叶色浅绿，叶片厚。花粉发芽能力强，授粉均匀，坐果率高，畸形果极少。果实圆锥形，鲜红色，光泽强。果肉橙红色，果个均匀，无果颈，甜味突出，香味明显。植株根系发达，品质良好，生产管理简单。果实硬度适中，耐贮运。果大丰产，产量每亩一般达 2 500 千克以上。该品种成熟早，在郑州地区大棚促成栽培时，9 月上旬定植，10 月下旬显蕾，11 月上旬开花，12 月上旬为初果期，连续坐果能力强，无断档。甘露抗病性较强，抗白粉病和炭疽病；繁殖系数高，繁苗容易，每株繁苗 50 株左右。该品种适合促成栽培，是一个极有推广前景的品种。

4. 桃熏　日本育种家野口裕司 2012 年育成的白果草莓栽培品种，母本是十倍体优系 K58N7-21，父本是久留米 1 号。植株长势中等，叶片圆形，深绿。果实圆锥形，成熟果实呈淡黄橙色、淡粉桃色，果肉白色，有黄桃味，果实稍软，耐寒抗病。

5. 红颜　由章姬与幸香杂交育成。植株生长势强、株态直立。叶片大，深绿色。果形大，平均单果重 15 克，最大果重达 58 克。果实长圆锥形，果实表面和内部色泽均呈鲜红色，着色一致，外形美观，富有光泽，畸形果少。果肉酸甜适口，平均可溶性固形物含量为 11.8%，并且前期果与中后期果的可溶性固形物含量变化相对较小。果实硬度适中，耐贮运性明显优于章姬与丰香。果实香味浓，口感好，品质极佳。该品种休眠程度较浅，花芽分化与丰香相近略偏迟；花穗大，花轴长而粗壮；具有章姬品种长势旺、产量高、口味佳、商品性好等优点，又克服了章姬果实软和易感染炭疽病的弱点。

6. 章姬　由久能早生与女峰杂交选育而成。果实长圆锥形，果面鲜红色，有光泽，果形端正整齐。果肉淡红色，髓心中等大，心空，白色至橙红色。一级序果平均单果重 19 克，最大果重 51 克，可溶性固形物含量为 9%～14%。果肉香甜适中，品质极佳。该品种柔软多汁，耐贮性较差，不抗白粉病。章姬为早熟品种，适于促成栽培。

（三）欧美鲜食品种

甜查理，美国品种，果实形状规整，圆锥形或楔形。果面鲜红色，有光泽。果肉橙色并带白色条纹，可溶性固形物含量为 7%，香味浓，味甜，品质优。果实硬度中等，较耐贮运。一级序果平均单果重 41 克，最大果重达 105 克，所有级次果平均单果重 17 克。植株丰产性强，单株结果平均达 500 克以上，亩产可达 3 000 千克以上。该品种抗灰霉病、白粉病和炭疽病，但对根腐病敏感。甜查理休眠期短，为早熟品种，适合我国南北方多种栽培形式栽培。

三、栽培管理

目前，草莓采摘园主要采取促成栽培方式，以便果实提早上市，延长采摘时间，提高经济效益。草莓促成栽培即选用休眠较浅的品种，通过各种育苗方法促进花芽提早分化，并于定植后及时覆膜保温，防止植株进入休眠期，促进植株生长发育和开花结果，使草莓鲜果提早上市的栽培方式。

促成栽培有日光温室促成栽培和塑料大棚促成栽培两种类型。在我国北方地区促成栽培主要以日光温室为主，而塑料大棚促成栽培主要在我国中东部和长江流域进行。促成栽培除了需要在建造保温设施中有一定的经济投入外，还需要有较高的管理技术水平。

（一）选择良种壮苗

促成栽培要求选择休眠浅、耐低温、品质好的草莓品种，如宁玉、香野、红颜、章姬、幸香、甜查理等。为了实现果实提早上市，充分体现促成栽培的优势，应该使用优质壮苗、穴盘苗、营养钵苗、假植苗。草莓定植植株的标准要求：具有 5～6 片展开叶，叶色浓绿，新茎粗度为 0.6～1.2 厘米，根系发达，苗重 25～30 克以上，无病虫害。

（二）土壤消毒与整地做垄

由于草莓促成栽培使用的设施相对固定，往往在同一地块多年连作栽培（重茬），使土传病害和有害微生物不断积累和蔓延，根际周围营养平衡失调且根系分泌有毒物质等，共同导致草莓严重的连作障碍，造成植株病害严重、生长发育受阻、长势衰

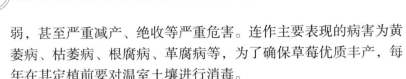

弱，甚至严重减产、绝收等严重危害。连作主要表现的病害为黄萎病、枯萎病、根腐病、革腐病等，为了确保草莓优质丰产，每年在其定植前要对温室土壤进行消毒。

1. 太阳能消毒　目前最安全、无公害的方法是利用太阳能进行土壤消毒，具体做法：在夏季 7～8 月份高温季节，将基肥中的农家肥施入土壤，深翻 30～40 厘米，灌透水，然后用塑料薄膜平铺覆盖土壤并加盖大、小拱棚，密封土壤 40 天以上，使土温达到 50℃以上，以杀死土壤中的病菌和线虫。在翻地前，土壤中撒施 80～150 千克/亩生石灰，灌水后覆塑料布可使地温升到 70℃左右，杀菌杀虫效果更好。

2. 化学药剂消毒　用化学药剂消毒效果更好，常用的土壤消毒剂有棉隆和石灰氮等。

（1）棉隆　又名必速灭、二甲噻二嗪，是一种广谱性的土壤熏蒸剂，可用于苗床、新耕地、盆栽、温室、花圃、苗圃、本圃及果园等。棉隆施用于潮湿土壤时会产生异硫氰酸甲酯，后者迅速扩散到土壤团粒间，使土壤中各种病原菌、线虫、害虫及杂草无法生存而达到灭杀的效果。

①施药量　棉隆的用药量受土壤质地、土壤温度和湿度等的影响，沙质土每亩可用 5～15 千克有效成分，黏质土用量适当加大。施药后应立即盖土覆膜。

②施药时间　播种或定植前使用，夏季施药避开中午曝晒时间。

③使用方法　施药前应仔细整地，深度约 20 厘米；提前适度浇水，土壤相对湿度保持在 76% 以上，撒施或用弥雾机喷施，施药后立即用旋耕机混土，混匀后加盖塑料薄膜。土壤温度应该在 6℃以上，最好为 12～18℃。覆盖天数受气温影响，温度越低覆盖天数越长，土壤温度 5℃时覆盖 25 天左右，通气时间 20 天左右；土壤温度 25℃时，覆盖时间为 4 天，通气时间为 2 天。施药量根据当地条件进行调整。

④注意事项　为避免土壤二次感染，农家肥（鸡粪等）一定要在消毒前加入，因为棉隆具有灭生性的原理，所以生物药肥不能同时使用。施药时应穿戴靴子和橡胶手套等安全防护用具，避免皮肤直接接触药剂，一旦沾污皮肤，应立即用肥皂、清水彻底冲洗。施药后应彻底清洗使用过的衣服和器械，废旧容器及剩余药剂应妥善处理和保藏。

（2）石灰氮　石灰氮学名为氰氮化钙，是药肥两用的土壤消毒杀菌剂。

土壤消毒法（石灰氮＋水＋太阳能＋有机肥或秸秆）：在地表撒上有机肥、碎稻草或麦秸（每亩撒施 800～1 000 千克）及石灰氮（每亩 30～40 千克），与土壤充分混合（用旋耕犁旋二遍），起垄（垄宽 60 厘米，高 40 厘米），盖上地膜，沟内灌水，将大棚密闭。棚内白天地表温度可达 70℃，20 厘米深的土温在40～50℃，持续 20～30 天，就可起到土壤消毒和降盐的作用。消毒结束后，揭膜通风 5～7 天即可种植草莓。

3. 整地做垄　8 月中旬平整土地，施入腐熟的优质农家肥4 000～5 000 千克和三元（氮、磷、钾比例为 15∶15∶15）复合肥 40～50 千克（若进行太阳能或化学药剂消毒，则农家肥应在消毒前加入），然后做成南北走向的大垄。采用大垄栽培草莓时可增加植株受光面积，提高土壤温度，有利于草莓植株管理和果实采收。大垄规格：上宽 40～50 厘米，下宽 50～70 厘米，高30～40 厘米，垄沟宽 30 厘米。

（三）滴灌安装与定植技术

1. 安装滴灌　为了克服草莓设施栽培中湿度大、病害重、花工多、劳动强度大等弊病，各地普遍采用膜下滴灌技术。

滴灌送水设备用水泵即可。滴灌管道的安装级数要根据水源压力和滴灌面积来确定，一般采用三级管道，即干管、支管和毛管。在干管的进水口处一定要安装过滤器，用以过滤水中杂质，防止滴管堵塞。在支管上安装施肥器，以便滴灌过程中施用肥料和农药。

2. 定植与补苗 根据栽培区域和育苗方式确定草莓定植时期。北方棚室栽培的，一般在8月下旬至9月初定植，南方大棚栽培的，则在9月中旬至10月初定植。

采取大垄双行定植方式的，植株距垄沿10厘米，株距15～20厘米，小行距25～30厘米，每亩用苗量8 000～12 000株。垄后要铺设喷灌管道，在定植前1～3天喷水洇垄，垄行不平整的地方及时整理，定植时秧苗不宜深也不宜浅，要做到埋根露心，幼苗的弓背方向朝向垄沟，以便从弓背方向抽生的花序能伸向垄沟方向，使果实生长于垄两侧，这样果实光照充分，着色良好，采收也方便。定植后的前7天，每天需浇水1～2次，以后依土壤湿度进行灌溉，以保证秧苗成活良好。温度过高时可以在棚架上覆盖遮阳网，效果更好。

草莓定植后，经常会因为栽植过深、种苗染病、浇水不足等造成死苗，补苗是草莓生产中一项常见的工作。可以在定植后把剩下的草莓定植在10厘米×10厘米的营养钵中，浇足水，摆放在温室的一侧或后墙边，等待补苗，补苗时连同基质一起定植在垄上。

若存留的草莓苗不足，则可以采用匍匐茎苗进行补苗。选择缺苗处周围健壮的植株，留取匍匐茎，待匍匐茎苗长到1叶1心时，将匍匐茎苗压在缺苗处，待匍匐茎苗稳健后，从距离匍匐茎苗3～4厘米处剪断即可。

（四）扣棚保温及地膜覆盖

1. 扣棚时间 扣棚时间一般在顶花芽开始分化1个月后。此时顶花芽分化已完成，第一侧花芽正在进行花芽分化。扣棚在外界最低气温降到8～10℃，平均温度在15℃左右时进行。我国北方一般在10月中旬为保温适期，南方在10月下旬至11月初为保温适期。如果采用假植、盆钵育苗、高山育苗等促进花芽分化的措施，由于顶花芽和侧花芽分化均提早，那么扣棚时间也可相应提前。

2. 地膜覆盖 为了保持地温，使草莓继续生长发育，一般在棚膜覆盖 10 天后覆盖地膜，以提高土温，降低棚内湿度，防止病害发生。目前，生产上普遍使用黑色地膜，可防止草害发生。覆盖时间不宜过迟或过早，过早地温高会伤害根系，并推迟侧花序的花芽分化；过迟则提高地温的效果差，影响植株旺盛生长。覆盖地膜一般在下午进行，将全部秧苗覆盖在膜下，并将膜拉平压好并用土封埋四周，以防风刮掀。及时在每一株秧苗附近用小刀划条短线，将所有秧苗掏出，以防止高温伤叶。覆膜前需施肥 1 次，每亩随水冲施氮、磷、钾（20∶20∶20）水溶性肥 5～10 千克。

3. 冬季保温 在 11 月中下旬气温已经较低，棚室内较低的夜温已开始影响草莓的生长发育，此时必须及时覆盖保温材料或在棚内增设中、小拱棚进行保温，使草莓正常生长发育，达到促成栽培的目的。在中部地区，日光温室覆盖草帘、棉毡、保温被等，大棚促成栽培采用 2 层膜＋1 层防寒毡，或 3 层膜的覆盖方式，寒冷地区还需利用热风机等措施增温。

（五）温度管理

促成栽培的目的是使草莓最大限度地提早上市，填补市场空白，获得较高价格，取得良好的经济效益。第一批浆果要求在元旦前后上市，部分地区最早可提前到 11 月上旬，花芽分化最迟需在 9 月 20 日左右进行。扣棚需在 10 月 20 日左右进行。为了增加早期产量和总产量，必须维持植株的生长势；生长势强，结果多，果个大。草莓季节性强，每个环节都需要进行精细管理，其中温度的管理至关重要。促成栽培温度管理指标如下。

1. 显蕾前 在扣棚保温后到花蕾伸出前，一般需要较高的温度，以促进根系吸收更多的养分，便于植株生育和开花。温度要求：白天 24～30℃，夜间 15～18℃，最低不低于 8℃。

2. 现蕾期　温度要求：白天 25～28℃，夜间 8～12℃。如果现蕾期夜温过高（≥13℃），就会使腋花芽退化，雄蕊、雌蕊的发育受到不良影响。

3. 开花期　温度要求：白天 22～25℃，夜间 8～10℃。进入花期后，植株对温度的要求比较严格，温度过高，果实发育快，发育期短，果个小；温度过低，果实发育慢，成熟晚，果个大。

4. 果实膨大期　温度要求：白天 23～25℃，夜间 6～10℃。这个时期如果白天温度在 23℃以下，则果个更大。

5. 果实采收期　温度要求：白天 20～23℃，夜间 5～7℃。如果晚上达不到温度要求，则可覆盖 2～3 层膜，还可加盖纸被、草帘、保温被或防寒毡等，以提高夜间温度，保证夜温在 5℃以上。

（六）湿度调节

1. 土壤湿度的调控　扣棚保温后，大棚内温度较高，草莓叶片及土壤蒸腾量也很大，因此土壤很容易干燥，如果水分不足，那么叶片萎蔫，土壤表面也会干燥。草莓的需水量很大，通常每隔 5～7 天需灌溉 1 次（冬季 10～15 天左右灌溉 1 次），每次需灌透土层 30～40 厘米深，使土壤长期保持湿润。草莓根系吸水是否充分，是草莓生长好坏的关键措施之一。

2. 空气湿度调节　大棚扣棚后一直处于密闭状态，所以空气相对湿度很高，通常达 90%以上。在开花期间，如果湿度过大，那么花药不能裂开，花粉不能散出，授粉受精不良，易产生畸形果，且坐果率下降。因此，花期一般保持棚内湿度60%～70%，要结合温度管理放风，以降低空气湿度；全园覆地膜，不露土壤，使土壤水分不能大量蒸发至棚内空气中。在果实采收期，若空气湿度过大，则果实易发生灰霉病而引起大量烂果，一定注意空气湿度的调节，防止棚内湿度过大。

（七）光照控制

草莓在秋冬低温、短日照条件下易矮化休眠，为了促进植株生长，抑制其休眠，除采用保温措施外，还需结合电照栽培、赤霉素处理等才能有效地促进植株旺盛生长和开花结果。喷施赤霉素要看品种的特性，如红颜、章姬、幸香、宁玉等品种就不需要赤霉素处理。电照栽培是指在设施内安装白炽灯，使光照时间每天延长到 13～16 个小时。通常每 100 瓦的白炽灯照光面积为 10～15 米^2，每亩安装灯泡 40～50 个，灯高 1.8 米，一般在 11 月底至 2 月上旬的 70 天进行照明，每天下午 5 时照光，晚上 10 时结束，共约 5 个小时，以补充冬季的光照不足，电照栽培可显著提高草莓的产量。

（八）植株管理

1. 摘老叶、病叶　在新生叶片逐渐能维持植株正常生长、开花结果时，应定期摘除病叶和黄化老叶，以减少草莓植株养分消耗，改善植株间的通风透光情况，减少病害。另外，在开花结果期，若植株长势过旺，叶片数过多，则即使叶片未衰老的成熟叶片也可部分摘除。但不能过度摘叶，一般每株保持 10～15 片叶，否则果实膨大缓慢、成熟期推迟。

摘除叶片，在草莓的不同生长阶段要采取不同的方法。草莓定植之初（7～10 天），当第一片新叶长出 3～5 厘米时，草莓植株上的枯叶和烂叶已失去光合作用的功能，此时若摘除老叶，则应使用剪刀，在距离叶柄基部 10～20 厘米处剪掉叶片，以后再去掉残留的叶柄，以利于早发新根。不可用力拽叶片，以免伤害草莓根系，不利于草莓缓苗。

草莓定植 20 天后，用手轻触草莓植株，感觉草莓扎根紧实，植株不再晃动，并且早上可见叶片有"吐水"现象，说明草莓根系生长良好，已开始生长。此时，若去除老叶或叶柄，则可抓住叶柄向一侧轻轻一带，摘除叶鞘和叶片。如果草莓还有些晃动，为了不伤害根系，可一只手扶住根茎部，另一只手带下叶片。对于叶片2/3正常且直立的叶片则不能摘除，强行摘除会对根茎部造成伤害，不但易感病，而且影响光合作用。

摘除叶片的工作应该在晴天的上午进行，摘下的叶片装到塑料袋中带出温室，在远离温室的地方挖坑填埋。

2. 去除匍匐茎和弱芽　当植株发出新叶后，会不断发出腋芽和匍匐茎，为了减少植株的营养消耗，增加产量和大果率，必须及早去除刚抽生的腋芽和匍匐茎，留强壮的腋芽1个，这样可避免较大的伤口，促进顶芽开花结果。另外，结果后的花序要及时去掉。

3. 赤霉素处理　赤霉素可以防止植株进入休眠，促使花梗和叶柄伸长生长，增加叶面积，促进花芽发育。赤霉素的处理时期以扣棚保温后一周为宜，使用浓度为5～10毫克/升，使用量为5毫升/株，使用时把药液喷在苗心。喷施赤霉素需要根据品种的特性进行，甜查理在扣棚1周后喷施1次，现蕾时再喷1次；红颜、章姬、幸香、宁玉、甘露、香野、圣诞红等品种休眠浅，花梗较长，一般不需要赤霉素处理；但如果需要打破休眠、拉长花序，也可以减量喷施。赤霉素浓度一定不能大，不能因浓度过大造成叶柄花序过长。赤霉素也可以用保丰灵、葆效灵等拉花药代替。赤霉素喷施效果与温度关系较密切，喷施时间以阴天或晴天傍晚为宜，避免在午间高温时喷施。

（九）花果管理

1. 花期授粉　花期释放蜜蜂或熊蜂来提高授粉质量，提高坐果率，减少畸形果的发生。一般每亩棚室放1箱蜂，蜜蜂数量以一株草莓一只以上蜜蜂为宜，注意通风口要用纱布封好，防止蜜蜂飞走。蜜蜂箱一般应在花前一周放入，以便蜜蜂能更好地适应棚室内的环境。蜜蜂在气温 5～35℃ 时出巢活动，生活最适温度是 15～25℃，蜜蜂活动的温度与草莓花药裂开的最适温度（13～20℃）一致。在棚内温度低于 14℃ 或高于 32℃ 时，蜜蜂活动较迟钝且缓慢，在晴天上午 9 时至下午 3 时，大棚内气温在 20℃ 以上时，蜜蜂非常活跃，授粉效果很好。注意放蜂期不能使用对蜜蜂有害的杀菌剂和杀虫剂，最好将蜂箱暂时搬到别处，并注意防止高温多湿给蜜蜂带来的病害。

2. 疏花疏果 一般大果型品种保留一、二级花序和部分三级花序，中小型果品种保留一、二、三级花序花蕾，将四、五级花序全部摘去，同时注意摘去病虫果、畸形果。一般生产上每个花序留果实 4～8 个，根据植株的长势、品种不同和市场需要选留不同的数量。红颜一般每株可抽生 4～7 个花序，为了增大果个，提高质量和产量，一般每个花序只留 3～5 个果，也有部分地区不疏花疏果。甜查理一般不疏花疏果，只摘去病虫果、畸形果。具体留果数可根据花梗的粗细、叶片数量、大小、厚度、颜色来决定。花梗粗，叶片多、大且厚，叶色深的品种要多留果，反之要少留果。

（十）肥水管理

1. 追肥技术 促成栽培的草莓不同于露地，植株不进入休眠，始终保持着旺盛的营养生长和生殖生长，开花结果期达 6 个月以上，植株的负载量也较重。为了防止植株和根系早衰，除了在定植前施足基肥外，在整个植株生长期适时追肥就显得特别重要。考虑到草莓生育期长，不耐肥，易发生盐害的特点，所以追肥浓度不宜过高，一般采用少量多次的原则。追肥以液体肥为主，液体肥料浓度以 0.2%～0.4% 为宜，注意肥料中氮磷钾的合理搭配，并混施腐殖酸、黄腐酸、氨基酸类有机肥，追肥时有机、无机肥料相结合。追肥的时期分别如下：①第一次追肥是在植株顶花序显蕾时，此时追肥的作用是促进顶花序生长，以高磷型水溶性肥料为主，混施有机肥。②第二次追肥是在植株顶花序果实开始转白膨大时，此次追肥的施肥量可适当加大，施肥种类以高磷、高钾型水溶性肥料为主，混施有机肥。③第三次追肥是在顶花序果实采收前期，以高钾型水溶性肥料为主，混施有机肥。④第四次追肥是在顶花序果实采收后期。植株因结果而造成养分大量消耗，及时追肥可弥补养分亏缺，保证随后植株生长和花果发育，以氮磷钾平衡型水溶性肥料为主，混施有机肥。以后每隔 15～20 天追肥一次，每亩每次施氮磷钾水溶性肥料 5～10 千克、有机肥 5～10 千克。

在追施大量元素肥料和有机肥的同时，也要注重钙、硼、铁的补充。在花蕾期、果实膨大期和翌年春季各叶面喷施一次 0.1%～0.2% 的氯化钙、硝酸钙或螯合钙溶液。在草莓花期或幼果期叶面喷施 0.1%～0.2% 的硼酸溶液，因为草莓对硼比较敏感，所以花期喷施硼的浓度要适当降低。对于土壤偏碱的地区，草莓叶片容易缺铁黄化，应定期向叶面喷施 0.1% 的硫酸亚铁或 0.03% 的螯合铁水溶液。选择在晴天上午 10 时前或下午 4 时后喷施，以达到最佳的施用效果。

2. 施二氧化碳气体肥料 二氧化碳是草莓进行光合作用的主要原料。施二氧化碳气体肥料，可提高植株营养，增加产量，改善浆果品质。生产中多使用二氧化碳气肥，将一大袋二氧化碳发生剂沿虚线处剪开，然后将一小袋促进剂倒入并将二者搅拌均匀，将混合好的二氧化碳气肥大袋放入带气孔的专用吊袋中，不要堵死出气孔。将吊袋挂在温室大棚中的骨架上，在距地面 2 米高的作物上方均匀吊挂，以保证每袋二氧化碳气肥可覆盖 33 米² 左右的面积，每亩可均匀吊挂 20 袋。每袋二氧化碳气肥可使用 35 天左右，此期可较均匀地释放出二氧化碳。

3. 水分管理 在生产上判断草莓植株是否缺水不仅仅是看土壤是否湿润，更重要的是要看植株叶片边缘是否有吐水现象，如果叶片没有吐水现象，那么说明需要灌溉，灌水以"湿而不涝，干而不旱"为原则。灌溉采用膜下滴灌。

（十一）草莓采收

草莓成熟期因不同品种、不同栽培方式、不同栽培季节而各不相同。即使是同一株草莓所结果实，也会因为花序不同、果序不同而有先熟和后熟之分。因此，草莓浆果必须分批、分期按其成熟度采收、处理、贮运。草莓是质地较软的浆果，应当随熟随收。

1. 成熟的判断与采收时期 草莓开花到成熟的天数因温度不同而不同。草莓成熟过程中，果面由最初的绿色逐渐变白，最后成为红色至浓红色，并具有光泽，种子也由绿色变为黄色或白色。果实色泽的变化：最先是受光面着色，随后背光面才着色；有的品种果实顶部先着色，随后果梗部着色（如红颜和章姬）；有的品种直至完全成熟，果梗部仍为白色（如丰香）。随着果实成熟，浆果也由硬变软，并散发出诱人的草莓香气，表明果实已完全成熟。

草莓作鲜食的八成熟时采收为宜，但甜查理、达赛莱克特等硬肉型品种，以果实接近全红时采收为宜，就近销售的在全熟时采收，但不宜过熟。

2. 采收方法 草莓同一个果穗中各级序果成熟期不同，所以必须分期采收。刚采收时，每隔1～2天采1次，采果盛期每天采收1次。具体采收时间最好在早晨露水干后，上午11时之前或傍晚天气转凉时进行，因为这段时间气温较低，果实温度也相对较低，有利于存放。

草莓果不耐碰压，故采收用的容器一定要浅，底要平，内壁要光滑，内垫海绵或其他软的衬垫物。采收时必须轻摘轻放，切勿用手握住果使劲拉。一般采收时用手轻握草莓斜向上扭一下，果实即可轻松摘下（不带果柄）。部分地区采收时用大拇指和食指指甲把果柄掐断，将果实按大小分级摆放于容器内，采下的浆果带有部分果柄，注意不要损伤萼片，以延长浆果存放时间。

四、主要病虫害防治

（一）病　害

1. 草莓灰霉病　主要侵害叶、花、果柄、花蕾及果实。叶片上产生褐色或暗褐色水渍状病斑，有时病部稍具轮纹。空气干燥时呈褐色干腐状，湿润时叶背出现乳白色茸毛状菌丝团。花及花柄发病，病部变为暗褐色，之后扩展蔓延，病部枯死，由花延续至幼果。果实发病初期病部出现油渍状淡褐色小斑点，之后病斑颜色加深成褐色，最后果实变软，表面密生灰白色霉层。

【防治方法】　①避免在低洼积水地块栽植草莓，控制田间湿度，合理密植，通风透光，控制施肥量。覆盖地膜以防止果实与土壤接触。选用香野、圣诞红、宁玉、甘露、红颜、甜查理等抗病品种。②清除病源，定植前使用杀菌剂对种苗进行浸蘸处理，及时摘除老、病、残叶及感病花序，剔除病果销毁。实行轮作，定植前深耕，提倡高畦栽培，进行土壤消毒，定植前每公顷撒施85%多菌灵可湿性粉剂75～90千克，将药耙入土中，防病效果好。③从花序显露开始喷药，可喷施等量式波尔多液200倍液，或10%多抗霉素可湿性粉剂500倍液，或50%腐霉利可湿性粉剂800倍液，或40%嘧霉胺悬浮剂1 000倍液，或50%异菌脲可湿性粉剂700倍液，或50%乙烯菌核利可湿性粉剂800倍液，或50%啶酰菌胺1 200倍液，根据天气情况每7～10天喷1次，特别在降雨后要及时喷药。注意果期不要喷施粉剂，避免影响果实的商品性。④在大棚内尽量使用烟剂，特别是在低温寡照、雨雪天气，避免喷水剂增加空气湿度。可首选百菌清或腐霉利烟剂；或将棚温提高到35℃，闷棚2小时，然后放风降温，每天一次，连续闷棚2～3天，可防治灰霉病。⑤使用硫黄熏蒸器防治灰霉病。

2. 草莓白粉病 主要危害草莓叶片和嫩尖，花、果、果梗及叶柄也可受害。被害叶片出现暗色污斑，之后叶背斑块上产生白色粉状物，后期成红褐色病斑，严重时叶缘萎缩、枯焦，叶向上卷曲。果实早期受害幼果停止发育，后期受害果面形成一层白色粉状物，失去果实光泽并硬化。

【防治方法】 ①选用抗病品种。甜查理、宁玉、达赛莱克特、哈尼等品种抗性较好；丰香、幸香抗性较差；香野、圣诞红、甘露、红颜、章姬、鬼怒甘、枥乙女等属中抗品种。②清除病原菌，清理干净棚内或田间的上一茬草莓植株和各种杂草后再定植，秋季及时清除病叶、病果，并集中深埋。春季发现病叶及时摘除深埋，并及时喷药防治。③不要过量施用氮肥或栽植密度过大。④发现病枝、病果要尽早在晨露未消时轻轻摘下装进方便袋烧掉或深埋。果农之间尽量不要互相"串棚"，避免人为传播。⑤高温闷棚，草莓白粉病在气温低于5℃或高于35℃时几乎不发病，可选择在晴天上午关闭所有风口、窗口和门口，等温度上升到35～38℃时，保持2小时（切记时间不可过长，否则影响植株生长），之后通风降温。如此连续3天，可有效降低白粉病的危害。⑥采用硫黄熏蒸技术预防，方法：在棚内每60米^{2}安装一台熏蒸器，熏蒸器内盛20克99%的硫黄粉，在傍晚大棚放帘后开始加热熏蒸，隔日一次，每次4小时，连续熏3次。期间注意观察，硫黄粉不足时再补充。熏蒸器垂吊于大棚中间距地面1.5米处，为防止硫黄气体硬化棚膜，可在熏蒸器上方1米处设置一伞状废膜用以保护棚膜。此法对蜜蜂无害，但熏蒸器温度不可超过280℃，以免亚硫酸对草莓产生药害。若棚内夜间温度超过20℃，则要酌减用药时间。⑦喷洒2%嘧啶核苷类抗生素水剂或2%武夷霉素（BO-10）水剂200倍液，间隔6～7天再喷一次即可。⑧发病前可用75%百菌清可湿性粉剂600倍液，或25%嘧菌酯悬浮剂1 500倍液等保护性强的杀菌剂进行喷雾防护，发病后用 42.8% 氟吡菌酰胺·肟菌酯悬浮剂 1500 倍液，或 50% 醚菌酯水分散粒剂 2500 倍液，或 40% 硫悬浮剂 500 倍液，或 10% 苯醚甲环唑水分散粒剂 3000 倍液，或 40% 氟硅唑乳油 8000 倍液，或 12.5% 腈菌唑乳油 6000 倍液，或 25% 乙嘧酚悬浮剂 1000 倍液，或 70% 甲基硫菌灵可湿性粉剂 800 倍液。这些药剂交替使用，间隔 7～10 天喷施一次。也可采用 45% 的百菌清烟剂熏蒸。采收前 7 天停止用药。

3. 草莓炭疽病　主要危害叶片、叶柄和匍匐茎，可导致局部病斑和全株萎蔫枯死。最明显的病症是在匍匐茎和叶柄上产生溃疡状、稍凹陷的病斑，病斑长 3～7 毫米，黑色，纺锤形或椭圆形。症状除在子苗上发生外，还发生在母株上，开始时 1～2 片嫩叶失去活力下垂，傍晚恢复正常，进一步发展植株就很快枯死。虽然不出现落叶矮化和黄化症状，但切开枯死病株根部观察，植株从外侧向内部变褐，而维管束并不变色。红颜、章姬等易感病，甜查理等较抗病。

【**防治方法**】　①选用抗病品种。栽植不宜过密，氮肥不宜过量，施足有机肥和磷钾肥，提高植株抗病力。及时清除病残体。②可喷洒 25% 咪鲜胺乳油 1000 倍液，或 50% 咪鲜胺锰盐可湿性粉剂 1500 倍液，或 80% 代森锰锌可湿性粉剂 600～800 倍液，或 10% 苯醚甲环唑水分散粒剂 1500 倍液，或 60% 吡唑醚菌酯·代森联水分散粒剂 800 倍液，或 25% 嘧菌酯悬浮剂 1500 倍液，或 25% 硅唑·咪鲜胺可溶液剂 1200 倍液进行预防。当发现有炭疽病时，应用 25% 吡唑醚菌酯乳油 1500～2000 倍液，或 32.5% 苯甲·嘧菌酯悬浮剂 1500 倍液，或 75% 肟菌·戊唑醇水分散粒剂 3000 倍液，或 43% 戊唑醇悬浮剂 4000 倍液等进行防治。

（二）虫　害

1. 螨类　危害草莓的螨类有多种，其中以二斑叶螨和朱砂叶螨最严重。二斑叶螨主要在叶片背面刺吸汁液。危害初期，叶片正面出现若干针眼般枯白小点，以后小点增多，导致整个叶片枯白。朱砂叶螨在叶片背面刺吸汁液，发生多时叶片苍白，生长委顿，严重时枯焦，田块如火烧状。

【防治方法】 ①二斑叶螨仅是局部发生，在草莓引种时应特别注意，最好不从二斑叶螨发生过的地方引种。②及时防治。早春二斑叶螨数量少时喷施5%尼索朗乳油1 500倍液，或20%螨死净可湿性粉剂2 000倍液，可使着药的成螨产的卵不孵化。也可使用螺螨酯6 000～8 000倍液，春季5月份至6月初、秋季9～10月份各使用一次，基本上能控制全年螨类危害。全年使用不多于两次。二斑叶螨数量多时，可喷施5%噻螨酮乳油2 000倍液，或73%炔螨特乳油2 000倍液，或15%哒螨灵乳油2 000倍液，或0.2%阿维菌素乳油2 000倍液（阿维菌素速效性好，但持效期较短，一般在喷药后两周需再喷一次）。温室大棚可以用螨蚜双杀等烟剂熏蒸防治。采收前10天停止用药。③采用天敌防治，如扑食螨、塔六点蓟马等，塔六点蓟马成虫和若虫均能捕食螨虫及其卵，不危害草莓。

2. 蚜虫 俗称腻虫，危害草莓的主要是棉蚜和桃蚜，另外有草莓胫毛蚜、草莓根蚜等。蚜虫在草莓嫩叶叶背、叶柄和花柄上吸食汁液，排除的黏液污染果面和叶片，叶片受害严重时卷曲。

【防治方法】 ①草莓和桃树间作时，要注意防治桃树的蚜虫，特别是在5月中下旬和9月下旬桃蚜转移期，可用黄板诱蚜，或喷洒药剂。②开花前可用10%吡虫啉可湿性粉剂1 500倍液，3%啶虫脒乳油2 000倍液，27.5%油酸烟碱500倍液，或2.5%溴氰菊酯乳油3 000倍液喷雾防治；开花后采用氟啶虫胺腈或氟啶虫酰胺防治，对蜜蜂无害。温室大棚可以用蚜虫净、异丙威等烟剂熏蒸防治，提前把蜜蜂移出大棚，两天后再放回大棚。采收前15天停止用药。

3. 蓟马 是一种靠吸食植物汁液维生的昆虫。嫩叶受害后变薄，叶片中脉两侧出现灰白色或灰褐色条斑，表皮呈灰褐色，出现变形、卷曲症状；植株生长势弱，严重情况下会造成顶叶不能展开，整个叶片变黑，变脆，植株矮小，发育不良，或成"无心苗"，甚至死亡。受害幼果弯曲凹陷，畸形，果实膨大受阻，受害部位发育不良，种子密集，果实僵硬，不膨大，颜色发黄，严重影响果实的商品性。目前蓟马危害已经从长江流域扩展到黄河流域，应提高警惕，加大防治力度。

【防治方法】 ①早春清除田间杂草和枯枝残叶，集中烧毁或深埋，消灭越冬成虫和若虫。②用营养钵育苗，栽培时用地膜覆盖，减少出土成虫数量，加强肥水管理，促使植株生长健壮，减轻危害。③利用蓟马趋蓝色的习性，草莓棚内离地面30厘米左右，每隔10～15米悬挂一块蓝色粘板诱杀成虫。④在成虫盛发期或每株若虫达到3～5头时，可选用60克/升乙基多杀菌素悬浮剂1000倍液，或22%氟啶虫胺腈悬浮剂3000倍液，或25%吡虫啉可湿性粉剂2000倍液，或3%啶虫脒乳油1000倍液，或10%烯啶虫胺水剂2500倍液等喷雾防治。根据蓟马昼伏夜出的特性，建议在下午用药。也可采用杀虫烟熏剂防治。

4. 野蛞蝓 别名鼻涕虫。在我国大部分地区都有发生，在草莓上主要危害成熟期浆果，将浆果啃食成空洞。成虫伸长时长30～60毫米、宽4～6毫米，长梭形，内柔软，光滑而无外壳。体表暗黑色或暗灰色，黄白色或灰红色，有的有不明显暗带或斑点，触角两对，黏液无色。

【防治方法】 ①定植前施用充分腐熟的有机肥，破坏野蛞蝓发生和生存的条件。②可在田间操作行内撒施四聚乙醛类杀虫剂。

5. 地下害虫 危害草莓的地下害虫主要有蛴螬、地老虎和蝼蛄。蛴螬是各种金龟子幼虫的统称，幼虫弯曲呈"C"形。地老虎为夜蛾科的一类害虫幼虫的总称，幼虫一般暗灰色，带有条纹和斑纹，身体光滑。蝼蛄有非洲蝼蛄和华北蝼蛄之分，非洲蝼蛄体长30～35毫米，华北蝼蛄体长36～55毫米。蝼蛄体灰褐色，前足为开掘式。蛴螬危害幼根和嫩茎，常造成死苗，地老虎幼虫危害嫩芽，被害叶片呈半透明状，有小孔。幼虫 3 龄以后白天潜伏在表土中，晚上出来活动，常咬断根状茎造成植株死亡，且危害果实。蝼蛄在表土层穿行，危害作物根系，晚上出来取食果实。

【防治方法】　①利用蝼蛄的趋光性，可在蝼蛄发生期挂黑光灯诱杀蝼蛄。②在草莓定植前整地时，先用药剂处理有机肥，撒于田间后再翻耕。使用药剂有 50% 辛硫磷乳油或 40% 毒死蜱乳油，每亩 0.5 千克加水兑成 300 倍液喷雾。③用毒饵诱杀，以90% 晶体敌百虫和炒香的麦麸按 1∶60 的比例配成毒饵，具体方法：先将敌百虫用水稀释 30 倍，和炒香的麦麸拌匀，傍晚撒在地面。可防治地老虎和蝼蛄。④药剂灌根。可先顺行开沟，用50% 辛硫磷乳油 1 500 倍液浇灌根部，然后覆土。每亩用 50% 辛硫磷乳油 0.5 千克。

第九章

桃

一、优良采摘品种

采摘品种要把优质、风味佳放在首位，同时考虑新、奇、特品种，最好是市场上不常见或者买不到的品种。另外，品种熟期错开，均匀上市，延长采摘期，还可以配置观赏花品种做行道树，配置一定数量的花果兼用品种，使春季桃园也是一处亮丽的风景。

（一）水 蜜 桃

1. 春蜜 郑州地区 6 月上旬成熟，果形圆，单果重 120～180 克，成熟时全面着鲜红色，美观。果肉白色，硬溶质，含可溶性固形物 12%～13%，风味甜。自花结实，丰产。

2. 黄金蜜 1 号 6 月上旬成熟，果实发育期 65～68 天，果实圆整，单果重 180～300 克，含可溶性固形物 13%～15%。风味浓甜，香味浓郁，果肉金黄。套袋后果面金黄，商品性非常高。

3. 白如玉 7 月上旬开始成熟，果实发育期 100 天，果实圆形，单果重 248～400 克。外形及果肉纯白如玉，浓甜，高品质，含可溶性固形物 14%～16%，黏核，品质优良，留树时间长，采摘期长。大花型，有花粉，极丰产，属于特色品种。

4. 中桃 5 号 郑州地区 7 月下旬成熟，果形圆，端正，平均单果重 265 克，成熟时全红着鲜红色，美观。果肉白色，硬溶质，含可溶性固形物 13%～16%，风味浓甜。自花结实，丰产。

5. 中桃 7 号 花果兼用品种，花朵稠密，粉色重瓣。果实 7 月下旬成熟，果实发育期 110 天。果形大，近圆形，单果重 260～390 克，硬溶质，浓甜，含可溶性固形物 15% 以上。品质优，有花粉，极丰产。

6. 黄金蜜 3 号 郑州地区 7 月底成熟，果形圆，平均单果重 262 克，大果达 300 克以上。成熟时部分果面深红色，套袋后果面呈金黄色，商品性强。果肉黄色，硬溶质，含可溶性固形物 13%～15%，浓甜，品质优。自花结实，丰产。

7. 黄金蜜 4 号 黄肉鲜食品种，9 月上中旬成熟，适逢中秋节、国庆节上市。果实发育期 160 天，果实近圆形，单果重 270～350 克。果皮套袋后金黄色，果肉硬溶质，风味浓香浓甜，含可溶性固形物 18% 以上，品质极上。有花粉，极丰产。

（二）油 桃

1. 红芒果油桃 5 月下旬成熟，果实发育期 52 天，果实长椭圆形，形似芒果，美观，单果重 100～230 克。黄肉甜香，含可溶性固形物 14%～16%，品质极优。自花结实，丰产。

2. 中油 18 号 郑州地区 6 月中旬开始成熟，果实发育期 80 天左右。果形圆整，单果重 180～240 克，大果可达 300 克以上，外观全红，着色艳丽。果肉白色，脆甜，含可溶性固形物 12% 左右。果肉硬，留树时间长，不变软，采摘期长。

3. 中油 13 号 郑州地区 6 月下旬成熟，果实发育期 90 天左右。果形圆整，平均单果重 218 克，大果达 250 克以上，外观全红，着色艳丽。果肉白色，浓甜，汁多，含可溶性固形物 13%～15%，品质优。自花结实，丰产。

4. 中油 20 号 郑州地区 7 月上旬开始成熟，果形圆，平均单果重220克，大果达300克左右，成熟时全红着浓红色，美观。果肉白色，硬脆，含可溶性固形物12.4%～14%。果肉硬，留树时间长，不变软，耐贮运。

5. 中油8号　8月上旬成熟，果实发育期120天。果实圆形，单果重200～300克，黄肉，含可溶性固形物14%～18%，风味浓甜，品质极优，硬溶质，耐贮运。套袋果金黄美观，商品性非常强。

（三）蟠　桃

1. 油蟠桃36-3　6月中旬成熟，果实发育期72天。果实扁平，单果重100～150克，果皮底色白色，大部分果面鲜红色。果肉乳白色，风味浓甜，含可溶性固形物16%～18%，品质极优。果肉脆，完全成熟后柔软多汁，黏核。有花粉，极丰产。

2. 风味皇后　7月上旬成熟，果实发育期70天，果实扁平，单果重150克左右，外观金黄色，十分精致美观。果肉黄色，硬溶质，风味浓甜浓香，品质极上，含可溶性固形物18%～20%。有花粉，极丰产。

二、栽培管理

（一）栽前准备

1. 园地平整　所选地块必须平整，不太平整的要"高起低回"，但尽量留下活土层（表土）。

2. 深翻施肥　新建园地每亩施入土杂粪2 000～3 000千克，地表撒施均匀后，将其深翻80～100厘米。

3. 划线挖坑　南北行定植，栽植株行距为2米×4米或2米×5米。计算好栽植行数、株数，然后按行向统一挖定植穴。栽植密度、株距大的按照划好的行向定点挖小坑准备定植。

（二）定植技术

定植时间以秋冬季土壤上冻以前最好，翌年土壤解冻后定植也可，但越早越好。定植时，两人一组把苗木扶起，采用目光对照的办法，对准苗木的株、行向，根系尽量展平。栽时先填表土，填至一半时，将苗木上提，并加以轻摇，使根系和土壤贴实，其深度以苗木原有的根茎线为准，然后一边填土，一边踏实，直至覆土与地面相平。定植完成后，立即浇透水，1周后再浇1次。

（三）土肥水管理

1. 土壤管理 桃树根系吸收作用旺盛，要求果园内土壤通气良好。

（1）深翻 深翻可以改善土壤的通气性和透水性，调节土壤的温度，促进微生物活动，从而使土壤的理化性质得到根本改善。良好的土壤条件有利于根系生长，扩大吸收面积。具体方法：①逐年扩穴。栽后第二年开始，在树冠垂直投影外缘，随树冠扩展，逐年挖深、宽各40厘米的环状沟，结合施基肥进行。②在行间、株间挖深40厘米、宽100厘米的沟，进行深翻。③全园深翻，在树冠下靠根部宜浅，向外逐渐加深，深度以10～40厘米为宜。

（2）中耕除草 在每次浇水和降雨后，都要进行中耕，以使土壤疏松通气，防止板结。保墒、保肥、除草，减少病虫害繁殖场所。中耕深度因季节不同而不同，在早春深5～10厘米为宜，4～8月份深3～5厘米为宜（尽量不伤新根），9月份深10厘米以上。

（3）合理间作 桃树果园间作时，注意不能种高秆作物，以免影响光照，也不要与苹果、梨间栽或混栽，因桃与苹果、梨树的生长结果习性不同，而且二者有共同病虫害，如梨小食心虫，防治很困难。为充分利用园内土地空间，可在桃树封行前，即定植后1～2年，适量间作低杆农作物，如花生、中草药、草莓等，尽量不间作需水量大的瓜菜。也可在距离树干1米的行间种植绿肥，以培肥土壤，改善果园生态，减轻病虫害的发生。

2. 施 肥

（1）基肥　以土杂肥为主，土杂肥是含有机质营养成分比较全的肥料，施用后不仅可以为桃树生长发育提供营养，还可以改善土壤结构，增加透气性，提高土壤保水保肥能力，而且肥效长。因此，栽培上把增施有机肥作为果树健壮、高产、丰产的主要措施。适宜施肥时期在10月上旬至11月中旬，施基肥宜早不宜迟，以秋季结合翻耕施肥为宜。早施基肥的优点：①秋季气温尚高，肥料能充分腐熟、分解，有利于根系早吸收养分，及时供给果树春季的生长、开花的需要。②此时正值根系第二次生长高峰期，施肥时挖断碰伤的根系，能及早愈合，并发生新根。

（2）追肥　主要是根据桃树生长发育的需要，用速效性肥料，及时弥补基肥消耗的不足。一般从3月上旬萌芽前到采果后追肥，一年进行2～4次。

①萌芽前　早春解冻后至3月上旬萌芽前施入，以氮肥为主，主要是补充前一年树体贮藏营养之不足。促进根系和新梢的前期生长，保证开花和授粉受精的营养需要，提高坐果率。

②开花后　4月中下旬开花后，以氮肥为主，配施磷钾肥。主要是补充前期的营养消耗，促进新梢和幼果生长，减少落果，有利于早熟品种果实膨大。

③采果前　采果前20天，氮钾肥结合追施，以促进果实膨大提高果实品质。

④采果后　氮、磷、钾结合追施，主要是补充因结果而大量消耗的营养，增加树体营养贮存，促进枝条发育充实和花芽分化；增强越冬能力，减少枝干病虫害的发生。这次施肥可以结合秋季施基肥进行。

（3）**施肥方法**

①**环状沟施法**　适宜 1～3 年生树，以树冠垂直投影外缘为中心，挖一条宽、深各 30～50 厘米的环状沟，施肥后填平。若肥料不足，则可挖半圆形沟，两年完成环状沟。

②**放射状沟施法**　从距主干 30 厘米处开始，以主干为中心，向外呈放射状挖 4～8 条深、宽各 30～40 厘米的沟，长度到树冠垂直投影外缘为止，沟内填掺土肥料后，覆土封沟。

③**穴施**　以树冠垂直投影外缘为中心，围绕树干挖 4～8 条宽、长、深各 30～60 厘米的穴，施肥后填平。每年应更换挖穴的位置。

④**"井"字沟施法**　当树冠枝条布满行间后，可在行、株间开一条宽、深各 30～50 厘米的长沟施肥。若肥料不足，则可以第一年开东西沟，第二年开南北沟，两年完成井字沟施。

3. 水分管理

（1）**灌水时期**　桃树生长期最适宜的土壤湿度为土壤持水量的 20%～40%。灌水时要分析当时当地降水情况及桃树生长发育状况。在降水不均匀的情况下，应在以下时期灌水。

①**发芽前后至开花期**　发芽前灌一次透水，保持较高的土壤湿度，促使树体迅速萌芽、展叶，增大叶面积和保证开花坐果。

②**新梢生长和幼果膨大期**　此时果树的生理机能旺盛，是需水最多的时期。若花后缺水，则叶片会争夺幼果中的水分，导致落果。严重干旱时，叶片与根系争水，影响根的吸收作用，使植株生长变弱，产量降低。花后干旱时，应及时灌水。

③**果实迅速膨大期**　灌水可满足果实膨大对水的需求，促进短枝分化花芽。但水量过大会促进新梢生长，影响花芽分化。

④**采果前后及休眠期**　秋施基肥后应立即灌水沉实，使根系尽早恢复吸收功能。落叶后至封冻前灌一次透水，保证安全越冬。

（2）**灌水方法**　主要有漫灌法、高喷灌法、微喷灌法、滴灌等。

（3）**灌水量**　不论采用何种灌水方法，一次灌水量都不能太大或太小，灌水量应以湿透根系主要分布层为宜。

（4）**排水**　桃树怕涝，雨季必须注意排水。雨水过多或灌溉过量，将会导致枝条不充实，树体易患根腐病、冠腐病；排水不畅，土壤通气不良，根系生长发育受阻，也会影响产量和经济寿命。

（四）花果管理

1. 疏蕾和疏花

（1）**疏蕾时期**　花呈黄色时疏除效果最佳。过早疏，花蕾易疏掉；过晚疏，浪费树体贮藏养分。

（2）**疏蕾方法及留蕾量**　所有的长、中、短果枝的背上花蕾连同叶芽一起疏去，也能防止背上枝发生。长、中枝的枝条先端和基部花芽发育不好，不能生产出高品质的果实，也要疏去。最终长、中果枝在枝条的中部留2～4个芽位，短果枝及花束状果枝仅在顶部留1～2个芽位。即枝条中部和前部每隔1厘米留1个发育好的芽眼花蕾，最终留量为坐果数的3倍左右。花粉少的品种应适当多留。

（3）**疏花**　疏蕾后接着进行疏花，方法和疏蕾相同。对疏蕾时漏疏的要补疏。另外，对所留的每个芽位，仅留1个发育最好的花，其余的花全疏去。

2. 授粉　授粉是保障坐果的基本措施，也是保障产量和效益的基本措施之一，是非常重要的工作。建议采用壁蜂、蜜蜂授粉或机械授粉的方法，天气状况不好时，用机械授粉和人工授粉进行补充。

3. 疏果　果实初期生长发育所需营养主要来自树体的贮藏养分。坐果过多时，每个果实分到的养分少，难以长出大果，且易引起树势衰弱，导致生理落果。疏果的质量好坏，对果实品质的影响很大，应观察树势和新梢及幼果生长情况再进行。

（1）**疏果时期**　疏果分阶段进行：预备疏果期是在盛花后3周左右，盛花后7周左右进行完成疏果期的疏果。随时除去畸形果和病虫害果。通常树势强的树晚疏，树势弱的早疏。一次性全疏恐怕会引起生理落果和裂果，所以要分阶段进行。

（2）**疏果程度**　完成疏果时最终的留果量：长果枝（30厘米左右）每个枝留1～2个果，在枝条中央附近；中果枝（20厘米左右），在枝的中前端留1个果；短果枝（1厘米）每个枝留1个果。这样采收时，1个果有60～80片叶。上述标准要因品种、树龄、树势的不同而有所变化。

（3）**预备疏果期**　留果量为最终留果量的1.5～2倍。盛花后20天，受精果和未受精果容易区分：受精果果实肥大，萼片萎缩，从基部脱落；未受精果，萼片残留且肥大。未受精果要全部疏除。没有进行疏花疏蕾的，应该早疏果。考虑到以后套袋等措施，向上着生的果优先疏去，向下的留着。

（4）**完成疏果期**　要考虑到树体不同部位留果量的分配。树冠上、中、下部进行调节，生产力低的下部少留果，使所有果大小基本一致。完成疏果期时，正常果和双胚果就能区别开来。正常果缝合线两边生长的比例为6∶4，双胚果为5∶5，且易生理落果，应尽早疏去。

4. 套袋　留果量确定后要及时套袋，以防止病虫害和薄果皮品种裂果。一般用黄色和白色纸袋的，果实着色好。果实茸毛少的品种易着色，采收前5天除袋；果实茸毛多的品种，采收前10天除袋。连阴天气，除袋稍早进行，成熟早的上部枝的果袋应早除，下部的晚除2天左右。

5. 摘叶　为增加果实着色，对下垂枝进行吊枝或撑枝。在果实开始着色期，摘掉果实周围影响其光照的2～3片叶。

（五）整形修剪

1. 整形修剪原则　①因树修剪，随枝做形。②冬、夏剪结合，以夏季修剪为主。桃树早熟芽易发生副梢，若不及时修剪，则会导致树冠内枝量过大、郁闭。因此，除了进行冬剪外，还应重视生长期的多次修剪，以便及时剪除过密和旺长枝条。③主从分明，树势均衡。④密株不密枝，枝枝要见光。

2. 冬季修剪　桃树适宜的冬剪时间一般在落叶后至翌年春天萌芽前，这时期树体仍处在休眠期，此时修剪可节省植株养分的消耗及人工成本，有利于树体的健壮生长。修剪方式主要有疏除、短截、回缩。以下为桃树几种常见树形及整形修剪方法。

（1）**二主枝"V"字形**　又称倒"人"字形，双主枝"V"字形，"Y"字形等，是早果丰产的首选树形之一。新西兰、意大利以及澳大利亚等国家多采用这种方法，并在果园内设置架材，将斜生枝绑在架材上，以利于机械化操作。果树行距4～6米，株距1～2米。该树形需要设置篱架，成本较高，引进我国之后，为节约成本，多省去了架材。这种树形成形较快，便于生产操作，且光线充足，产量高，果实品质好，采收、打药方便，便于机械化操作，修剪也省工；缺点是进入结果期晚于主干形，前期产量稍低，生产周期较短。

整形方法：距地面0.4～0.6米饱满芽处定干，剪口下0.2米左右范围内作为整形带。待萌芽后选左右错落着生、角度好的壮枝培养主枝，主枝生长到0.4～0.6米时摘心，促使抽生二次副梢。二次副梢生长到10～15厘米时再行摘心，培养结果枝。冬季修剪时，两主枝先端选壮枝短截作为主枝延长枝，在主枝上培养小型结果枝组，或直接着生结果枝。

（2）**主干形**　该树形是一种高密度栽培树形，多采用1～2米×2.5～3米的株行距。树形建成后，树高一般不超过2.5米，树冠宽限在1米以内，属于矮小树冠，主要适合高密植桃园，是早熟丰产、易管理的新树形。该树形成形快，进入结果期早，在加强肥水管理的情况下，当年即能成形，第二年每亩即可有1000千克左右的产量，第三年产量达4000千克以上，可实现早果丰产。主干形骨架相对简单，只有主干没有其他骨干枝，营养生长消耗较少，有利于丰产，树形也较易控制。该树形的桃树经济寿命相对较短，但其根系还可继续利用，因此一般可以进行大更新，去掉地上部分改接新品种，可满足市场对新品种的及时需求，获得更高的经济效益。当有必要保留原树体时，也可采用改良式主干形来延长其经济寿命，即把着生在其主干上的结果枝提升为结果母枝，通过回缩结果枝促其萌发新枝用于结果，以达到延长结果寿命的目的。

整形方法：只留中心干，不留主侧枝。中心干上直接着生中、小型结果枝组，树冠呈圆柱形，因树形有中心干所以又称其为主干形。株高2～2.5米，树冠2米，留15～20个结果枝组，枝组间距为0.2米左右，错落着生。圆柱形树形适宜高密度种植，每亩种110株以上，株行距为1.0米×1.5米、1.5米×2米、1.5米×3米；整形容易，成形快，当年成形当年成花；第二年结果丰产，光照好，叶片光合效率高。整形修剪主要通过抹芽、摘心、疏枝完成，冬季修剪主要是采用疏枝、短截更新、单枝更新的手段。随着树龄的增长，必须加强肥水管理及更新修剪，以保证树体通风透光。

3. 夏季修剪 夏季修剪可以辅助整形，抑制新梢徒长，减少养分消耗，改善冠内通风透光，促进花芽分化，提高果实品质和提高产量。全年夏剪一般3～5次，主要集中在5～8月份。

（1）抹芽 桃树发芽后即可进行，抹除密挤芽、背上芽及位置不当的芽。当新梢长至5～6厘米时，抹去无用的嫩梢。双梢留一个角度大的，抹掉角度小的。对骨干枝分枝基部15厘米内的萌芽及剪锯口的丛生新梢也要及时抹掉。

（2）摘心 桃树本身副梢发生量大，摘心更易造成副梢过多、树冠郁闭，所以栽培桃树时，除幼树整形需要对主、侧枝延长枝进行摘心外，桃树夏剪一般不提倡新梢摘心。

（3）扭梢 当直立旺梢长达25～30厘米、半木质化时，用手握住新梢基部5～10厘米处扭转180°，使其呈斜生或下垂状态。扭梢一般在5～6月份进行，若扭曲处再冒出旺长枝，则可再次进行扭梢。除被选定为延长枝及其副梢的不扭梢外，其他延长枝的竞争枝、骨干枝的背上枝、内膛枝的徒长枝以及大伤口附近抽生的旺长枝等都可以进行扭梢。扭梢可以控制枝梢旺长，缓和树势，使其转化为充实的结果枝，具有结果与更新的双重效能。

（4）疏枝　当新梢长达30厘米时，就可根据其生长势、粗度、部位等判断枝条的好坏与性质，选留位置适宜的强壮枝，疏去竞争枝、徒长枝、细弱枝、密生枝、直立枝和下垂枝。果实采收后，疏除一些密挤的多年生枝、当年生枝、背上或外围的一些旺枝。

（5）拿枝　又称为捋枝，对60厘米长的侧生有徒长特性的新梢通过拿枝改变其生长方位，即用四指握紧新梢，拇指在上向下压，四指同时在下向上顶，从新梢基部逐渐向梢端移动，伤及木质部，听到响声但不折枝。拿枝可缓和枝势，利于营养积累和成花结果，一般在7～8月份进行。

（6）拉枝　拉枝及顶枝拉枝是缓和树势、幼树整形、提早结果和防止枝干下部光秃的关键措施，对开张角度小、延伸方位不合适的主、侧枝或较直立的大结果枝组，可用撑、拉、别、坠等方法开张角度或调节方位。拉枝角度一般在80°左右，不能拉成水平或下垂状态；对于开张角度过大的主、侧枝，可用带枝杈的枝顶起来，缩小角度，多于8月份进行。

4. 盛果期树的修剪　一般3～4年生桃树即进入盛果期。盛果期树树冠骨架完全形成，结果枝陆续增多，产量上升，并趋于稳产，骨干枝上的小型枝组开始衰弱，主要结果部位转向结果枝组。因此，盛果期树的修剪任务是维持树势中强，调整主侧枝生长势要均衡，加强结果枝组更新修剪，以防止早衰和内膛光秃，结果位置外移。

（1）**主枝的修剪**　对主枝延长头应逐年适当短截，一般剪留

30～40厘米；对于延长头角度大，生长势弱的主枝，可选择斜生背上枝换头，以抬高角度，促进枝势；若主枝延长头角度小，生长势较旺，则应利用主枝头以下较适宜的发育枝换头；若有的主枝头已变成结果枝，生长较弱，角度又大时，则只有选择邻近的结果枝组换头，剪去原主枝头；不管运用什么剪法，都是为了保持主枝头的生长势，避免过强或过弱。

（2）**侧枝的修剪**　在现今的桃树生产中，多采用"宽行密株"的定植方式，树与树的间距大大缩小，逐渐弱化了对侧枝的培养，包括"V"字形和主干形在内的树形都不再强调培养侧枝，而是简化树冠结果枝，减少枝的层级，在主枝上直接培养中、小型结果枝组，结果枝组的修剪与更新才是重中之重。

（3）**结果枝组的修剪**　修剪的主要任务是维持结果枝组的结果能力，并及时对结果枝组进行更新。中、小结果枝组要保持一定的距离，3年生的结果枝组间距为20～30厘米，4年生枝组间距为30～50厘米，主要通过疏剪、回缩使结果枝组由密转稀，由弱转强，轮流换头更新；枝组上有强枝影响光照及生长势时要回缩，去强留弱，去直留平，以控制前部强枝，促进后部的弱枝萌发新枝，平衡结果枝上果枝的生长势，若枝组上有强果枝时，则去强留弱；对结果枝组带头枝弱又无结果能力的要剪掉，有结果能力而结果枝少的则不修剪。

随着结果枝组年龄的增大，枝组相应扩大时，对过密枝组要适当疏除；枝组生长势弱时，要及时更新，选择生长势中等的枝作头，把原头回缩掉，以促使下部芽萌发新枝。

（4）**结果枝的修剪**　修剪结果枝主要是用来调节结果量与发枝量的关系。要疏去不结果的弱枝，对生长势弱而无结果能力的多年生枝进行适度回缩；对徒长性结果枝和强旺枝，在有空间伸展时，可进行短截，留作预备枝，以利于更新；北方品种短果枝和花束状果枝多时，可多短截，疏去细弱枝；花束状果枝密时可疏2留1，也可以不剪；南方品种长、中果枝多时都要适度短截，疏去密生、无叶芽的细弱短果枝；果枝留量一般保持每亩 6 000 个左右即可。

结果枝短截时，剪口芽的选留位置极为重要，一般向上的强枝留下平芽或侧下芽，弱枝留上芽，中等枝留侧芽，下垂枝留上芽，向上生长的果枝留侧下芽，侧斜生果枝留侧芽。用不同的剪留芽方向可调节果枝的角度和长势，以达到使各类枝长势均衡的目的。

（5）预备枝的修剪　预备枝是用来辅助或代替结果枝或直接作为结果预备枝的，凡是不能结果的强枝和弱枝，在有空间延伸时，可选强枝进行短截，留 2～3 个芽，让其发枝不结果。若有少量花芽，则将花芽部分剪去，留下的作为预备枝，预备枝留量要多些，大约占果枝总量的 1/4。

三、主要病虫害防治

（一）病　害

1. 桃细菌性穿孔病　遍布全国各桃产区，排水不良的果园或多雨年份危害较重。该病由细菌引起，主要危害叶片、果实和新梢。叶片初发病时为水渍状黄白色至白色小斑点，之后形成圆形、多角形或不规则形，紫褐色至黑褐色，直径 2～4 毫米的病斑，周围有黄绿色水渍状的晕圈，以后病斑干枯脱落成穿孔。果实发病后，病斑以皮孔为中心，果面发生暗紫色圆形中央凹陷的病斑，边缘呈水渍状，后期病斑的中心部分表皮龟裂。病原细菌在枝条组织内越冬，翌年随气温回升，潜伏的细菌开始活动，形成病斑。桃树开花前后，病菌从病组织中溢出，借风雨或昆虫传播。叶片一般于 5 月份发病，高温多湿有利于病菌侵染，病势加重。树势弱、排水不良或氮肥偏多的果园发病较重，品种的抗病能力与发病轻重有密切关系。

【防治方法】 ①加强果园综合管理。切忌在地下水位高或低洼地建立桃园；少施氮肥，防树徒长；合理修剪，改善通风透光条件，适时适度夏剪，剪除病梢，集中烧毁。冬季做好清园工作。②发芽前喷4～5波美度石硫合剂或1∶1∶100倍的波尔多液，花后喷一次78%科博可湿性粉剂800倍液。5～8月份喷锌灰液（硫酸锌1份，石灰4份，水240份），或65%代森锌可湿性粉剂600倍液等。

2. 桃疮痂病 又叫黑星病，主要危害果实，也侵害新梢和叶片。果实多在果肩处发病。果实上的病斑初为绿色水渍状，扩大后变为黑绿色，近圆形。果实成熟时，病斑变为紫色或暗褐色，病斑只限于果皮，不深入果肉，后期病斑木栓化、龟裂。病菌侵入果实的时间是落花后6周，即5月中下旬至成熟前一个月的时间段。枝梢受害后，病斑呈长圆形，浅褐色，以后变为灰褐色至褐色，周围呈暗褐色至紫褐色，有隆起，常发生流胶。

【防治方法】 ①冬剪彻底剪除病梢，清除果园，减少病源；栽植密度合理，树形适宜，防止树冠交接，改善果园通风透光条件，降低果园湿度。②萌芽前喷80%五氯酚钠200倍液加3～5波美度石硫合剂；落花后半个月至7月份，每隔15天左右，喷50%多菌灵可湿性粉剂800倍液，或50%代森锌可湿性粉剂500倍液，或25%氟硅唑乳油8 000～10 000倍液，均对此病有效，以上药剂不可重复使用。

3. 桃褐腐病 幼果发病初期呈现黑色小斑点，后来病斑木栓化，表面龟裂，严重时病果变褐、腐烂，最后变成僵果。果实生长后期发病较多，染病初期呈现褐色，圆形小病斑，之后病斑扩展很快，并露出灰色粉状小球，形似孢子堆，呈同心轮纹排列，病果大部或完全腐烂，落地。桃花感染后表现为萎凋变褐，病花干枯附着于桃枝上，有花腐的桃枝梢尖枯死。病菌适宜在25～27℃多雾多雨的天气生长。

【防治方法】 ①冬季剪除病枝，摘除病僵果，集中烧毁。防治病虫，注意减少果面伤口。②芽膨大期喷 3～5 波美度石硫合剂＋80% 五氯酚钠 200 倍液，花后 10 天至采收前 20 天喷 65% 代森锌可湿性粉剂 500 倍液，或 70% 甲基硫菌灵可湿性粉剂 800 倍液，或 50% 多菌灵可湿性粉剂 600～800 倍液，或 20% 三唑酮乳油 3 000～4 000 倍液。喷药每次间隔 10～15 天，各种药剂交替使用。

4. 桃炭疽病　硬核前幼果染病，果面上发生绿褐色水渍状病斑，以后病斑扩大凹陷，并产生粉红色黏质的孢子团，幼果上的病斑顺果面增大并到达果梗，其后深入果枝，使新梢上的叶片纵向上卷，这是本病特征之一。被害果大多在 5 月份脱落。果实近成熟期发病，果面症状与前述幼果相同，还具有明显的同心环状皱缩，最后果实软腐脱落。早春桃树开花及幼果期逢低温多雨天气，有利于发病；果实成熟期逢温暖、多云多雾、高湿环境发病重。

【防治方法】　①切忌在低洼、排水不良地段建桃园。②加强栽培管理，多施有机肥和磷钾肥；适时夏剪，改善树体通风透光条件；摘除病果，冬剪病枝，集中烧毁。③萌芽前喷 3～5 波美度石硫合剂＋80% 五氯酚钠 200 倍液或 1∶1∶100 波尔多液，铲除病源。开花前、落花后、幼果期每隔 10～15 天，喷 80% 炭疽福美可湿性粉剂 800 倍液，或 70% 甲基硫菌灵可湿性粉剂 1 000 倍液，或 50% 多菌灵可湿性粉剂 600～800 倍液，或 50% 克菌丹可湿性粉剂 400～500 倍液，药剂交替使用。

5. 桃流胶病　该病是枝干重要病害，可造成树体衰弱，减产或死树，有非侵染性和真菌侵染性两种病原。春、夏季节在当年新梢上以皮孔为中心，发生大小不等的某些突起的病斑，之后流出无色半透明的软树胶；在其他枝干的伤口处或 1～2 年生的芽痕附近也会流出半透明的树胶，之后树胶变成茶褐色的结晶体。结晶体吸水后膨胀，呈胨状胶体，严重时树皮开裂，枝干枯死，树体衰弱。

【防治方法】 ①加强土壤改良，增施有机肥料，注意果园排水，做好病虫害防治工作，防止病虫伤口和机械伤口，保护好枝干。②树体上的流胶部位，先进行刮除，再涂抹 5 波美度石硫合剂或生石灰粉，隔 1～2 天再刷 70% 甲基硫菌灵可湿性粉剂或50% 多菌灵可湿性粉剂 20～30 倍液。

6. 桃根癌病 瘤发生于桃的根、根茎和茎上，受害部分先形成灰白色的瘤状物，质嫩；瘤不断长大，变成褐色，木质化，质地干枯坚硬，表面不规则，粗糙有裂纹。

【防治方法】 ①栽种桃树或育苗时忌重茬，也不要在原林园（杨树、洋槐、泡桐等）、果园（葡萄、柿、杏等）种植。②刨出主干附近根系刮除根瘤，用 0.2% 升汞水消毒，再用 5 倍的石灰水涂伤口，更换周围土壤，增施有机肥，增强树势。③育苗避免重茬，桃种子用次氯酸钠（含 5% 有效氯成分）处理 5 分钟，消灭附着在种子上的病菌，再进行播种。④对苗木消毒，用 K84 生物农药 30～50 倍浸根 3～5 分钟，或次氯酸钠液浸根 3 分钟，或 1% 硫酸铜液浸根 5 分钟，再放到 2% 石灰液中浸根 2 分钟。⑤用 K84 菌株发酵制成的根癌宁 30 倍液浸根 5 分钟，切瘤灌根能抑制根癌病的发生。对 3 年生幼树，可扒开根际土壤，每株浇 1～2 升根癌宁 30 倍液预防发病。

（二）虫 害

1. 桃蚜 一般一年发生 20 多代，以卵在桃树上越冬，或以无翅胎生雌蚜在风障菠菜上或随十字花科蔬菜在菜窖内越冬。以卵在桃树上越冬的，翌年早春桃芽萌发至开花期，卵开始孵化，孵化幼虫群集在嫩芽上吸食汁液。3 月下旬至 4 月份，蚜虫以孤雌胎生方式繁殖幼虫危害。成虫和幼虫群集叶背，被害叶片从叶缘向叶背纵卷，组织变肥厚、褪绿。蚜虫排泄黏液污染枝叶，也会抑制新梢生长，引起落叶。

【防治方法】 ①冬季清除枯枝落叶，刮除粗老树皮，剪除被害枝梢，集中烧毁。②保护好蚜虫天敌，如草蛉、瓢虫等，尽量少喷或不喷广谱性杀虫药剂。③早春桃芽萌动是越冬卵孵化盛期，也是防治桃蚜的关键时期，此时用菊酯类农药或硝亚基杂环类杀虫剂，如吡虫啉3 000倍液，或3%啶虫脒乳油2 500～3 000倍液喷一次枝干，可基本控制危害。危害期，应在虫口数量没有大发生之前喷药，可用10%吡虫啉可湿性粉剂3 000～4 000倍液，或48%毒死蜱乳油2 000倍液。山地缺水桃园可采用甲胺磷涂干，此法省工省水，不伤天敌，在芽萌动期和危害期均可使用。首先将树干老粗皮轻轻刮去（勿伤树皮），再将吸水卫生纸折叠4～6层，使长、宽分别等于树皮枝干周长和干径，然后把折叠好的卫生纸饱蘸50%甲胺磷乳油2～4倍液，最后用塑料薄膜包扎到树干上。因为药剂浓度高，所以操作过程中应戴橡皮手套，工作完后用肥皂洗手，以防中毒。桃粉蚜、桃瘤蚜的防治参照桃蚜防治。

2. 桃山楂红蜘蛛 一年发生5～9代，以雌成虫在树粗皮缝隙和树干附近的土内、枯叶、杂草中越冬。4月上旬桃花盛开末期出蛰，危害桃树新生的幼嫩组织。害虫在盛花期过后产卵，落花后卵孵化完毕。山楂红蜘蛛出蛰和第一代害虫发生比较整齐（第一代孵化盛期为5月上旬），是药剂防治的有利时期。落花后一个月为第二代卵的孵化盛期，6月份以后气温高，害虫繁殖快，世代重叠，危害严重，常引起大量落叶。直至9月份，雌虫陆续越冬，潜伏。

【防治方法】①每年防治抓住三个关键时期，即发芽前、落花后和麦收前后，以发芽前和落花后防治为主。②发芽前，冬季清扫落叶，刮除老皮，翻耕树盘，消灭部分越冬雌虫。发芽前喷一次石硫合剂，在越冬雌虫开始出蛰而花芽幼叶又未开裂前防治效果最好。③谢花后或麦收前，在螨害不严重的情况下，喷迟效性杀螨剂，如5%噻螨酮乳油3 000倍，或20%螨死净水悬浮剂2 000～3 000倍液。④螨害严重时，可喷20%哒螨灵可湿性粉剂1500倍液，或20%灭扫利2000～3000倍液，或20%哒螨酮2000～3000倍液，或1.8%阿维菌素3000～4000倍液。

3. 桃潜叶蛾 该害虫在管理粗放的果园已危害成灾，造成早落叶，影响树势和产量。一年发生7代，以蛹在被害叶片上结白色丝茧越冬，翌年4月份羽化为成虫，多在叶背产卵。5～9月份是危害期，幼虫取食叶肉，在叶片上下表皮之间食成弯曲隧道，造成落叶。

【防治方法】 ①清除果园落叶杂草，集中深埋或烧毁。②蛹期和成虫羽化期是药防关键期，喷25%灭幼脲3号悬乳剂1500倍液，有特效。也可喷20%杀灭菊酯乳油2000倍液，或20%甲氰菊酯乳油3000倍液。

4. 桃小绿叶蝉 又名一点叶蝉、桃浮尘子。一年发生4～6代，以成虫在落叶、杂草或桃园附近的常绿树中越冬，翌年3～4月份桃萌芽时，迁飞到桃树嫩叶上刺吸危害，被害叶最初出现黄白色小点，严重时斑点相连，使整片叶变为苍白色，提早落叶。6月初为害虫第一代，直到9月份第四代，10月份害虫寻绿色草丛、越冬作物、常绿树缝越冬。

【防治方法】 ①冬季清除落叶、杂草，及时刮除翘皮。②以下三个关键时期喷药防治：谢花后新梢展叶期、5月下旬第一代若虫孵化盛期、7月下旬至8月上旬第二代若虫孵化期，可用以下药剂：5%高效氯氰菊酯乳油2000倍液，或20%甲氰菊酯乳油3000倍液。

5. 桃蛀螟 桃蛀螟以幼虫蛀食危害桃果，黄河流域每年发生3～4代。越冬幼虫在4月份开始化蛹，5月上中旬羽化，5月下旬为第一代成虫盛发期，7月上旬、8月上中旬、9月上中旬，依次为第二、第三、第四代成虫盛发期，第一、第二代成虫主要危害桃果，以后各代转移到石榴、向日葵等作物上危害，最后一代幼虫于9～10月份在果树翘皮下、堆果场及农作物的残株中越冬。成虫对黑光灯有强烈趋性，对花蜜及糖醋液也有趋性。

【防治方法】 ①清理害虫越冬场所。冬季清除玉米、高粱、向日葵的残株，刮除老树皮，清除越冬茧。生长季节，摘除虫果，拾净落果，消灭果肉幼虫。②利用黑光灯、糖醋液诱杀成虫。③在第一、第二代卵高峰期树上喷布 5% 高效氯氰菊酯乳油 2 000 倍液，或 25% 灭幼脲悬浮剂 1 500 倍液，或 20% 氰戊菊酯乳油 2 000～3 000 倍液，或 90% 敌百虫晶体 1 000 倍。每个产卵高峰期喷药 2 次，间隔期 7～10 天。

6. 桃茶翅蝽 成虫和若虫吸食嫩果、嫩叶、嫩梢的汁液。果实被害后，呈凸凹不平的畸形果，受害处果肉变空、木栓化。桃果被害后，被刺处流胶，果肉下陷，病处变僵斑硬化；幼果被害后常脱落，对产量和品质影响很大。该虫一年发生一代，以成虫在村舍屋檐缝及石缝中越冬，翌年 4 月下旬开始出蛰活动，飞到桃园危害。6 月份产卵于叶背面，卵期 10 天左右，7 月下旬开始孵化，群集于卵块附近危害，之后渐分散，7～8 月份成虫开始羽化，危害至 9 月份，之后寻适当场所越冬。

【防治方法】 ①冬季清除果园及附近的残叶枯草，集中烧毁。房屋密封后用敌敌畏熏蒸杀成虫。②危害严重的果园可进行套袋。成虫出蛰后（5 月上旬）和第一代若虫发生期喷 20% 甲氰菊酯乳油 2 000 倍液，或 10% 吡虫啉可湿性粉剂 2 000 倍液，或 90% 敌百虫晶体 1 000 倍液，或 80% 敌敌畏乳油 1 000 倍液，或 48% 乐斯本乳油 1 500～2 000 倍液。

7. 桃介壳虫 桑白蚧以若虫和成虫刺吸寄主汁液，虫量特别大，有的完全覆盖住树皮，相互重叠成层，形成凸凹不平的灰白色蜡物质，并排泄黏液呈油渍状，污染树体。被害枝条发育不良，重者整枝或整株枯死，以 2～3 年生枝条受害最重。华北地区一年发生二代，以受精雌虫在枝干上越冬，翌年 4 月下旬开始产卵，卵产于介壳下，成虫产卵后干缩死亡。若虫 5 月初开始孵化，比较整齐，若虫从母体介壳下爬出后在枝干上到处乱爬。几天后固定不动，并开始分泌蜡丝，脱皮后形成介壳，害虫用口器刺入树皮下吸食汁液。雌虫二次脱皮后成为成虫，在介壳下吸食汁液。雄虫二次脱皮后变为蛹，在枝干上密集成片。6月中旬第一代成虫开始羽化，6月下旬开始产卵。第二代若虫期在8月份，若虫期为30～40天。第二代雌成虫发生在9月份，交配受精后，在枝条上越冬。

【防治方法】 ①果树休眠期用硬毛刷或钢丝刷刷掉越冬雌虫，剪除受害严重的枝条。②发芽前喷5～7波美度石硫合剂或5%柴油乳剂。在各代若虫孵化期（5月中下旬、8月上中旬）喷48%毒死蜱乳油1500倍液或5%高效氯氰菊酯乳油2000倍液，或90%敌百虫晶体800倍液，或40%速蚧杀乳油1500倍。在药剂中加入0.2%中性洗衣粉，可提高防治效果。

8. 桃红颈天牛 该虫两年发生一代，以幼虫在树干内的蛀道越冬，翌年3～4月份恢复活动，在皮层下和木质部钻出不规则隧道，并向蛀孔外排出大量红褐色粪便碎屑，常堆满于孔外和树干基部地面。5～6月份危害最严重时，树干全部被其蛀空而死。幼虫老熟后，向外开一排粪孔，用分泌物黏结粪便、木屑，在隧道内作茧化蛹。6～7月份，成虫羽化后咬孔钻出，交配产卵于树基部和主枝枝杈粗皮缝隙内。幼虫孵化后，先在皮下蛀食，经过滞育过冬。翌年春幼虫继续蛀食皮层，至7～8月份，向上将木质部蛀食成弯曲隧道，再经过冬天，到第三年的5～6月份老熟幼虫化蛹，羽化为成虫。

【防治方法】 ①及时清除被害死枝、死树，集中烧毁。在6～7月份成虫发生期组织人员捕杀。幼虫发生期经常检查枝干，发现排泄粪便寻虫孔，用铁丝钩刺幼虫。②涂白防虫：成虫产卵前，在主干和主枝上刷石灰和硫黄混合剂，并加入适量的触杀性杀虫剂，硫黄、生石灰和水的比例为1：10：40。③虫道注药：发现枝干上的排粪孔后，将粪便木屑清理干净，塞入56%磷化铝片剂1/4片，或注入80%敌敌畏乳油10～20倍液，用黄泥将所有排粪孔封闭，熏蒸杀虫效果很好。

第十章

石　榴

一、优良采摘品种

（一）中农红软籽石榴

中农红软籽石榴树势强健，幼树干性弱，萌芽力高，成枝力低，枝条柔软。以中、长果枝结果为主，花量大，完全开花率约35%，自然坐果率70%以上。大小年结果现象不明显。在郑州地区9月上旬成熟，比突尼斯软籽石榴早熟5～7天。该品种果实圆球形，皮红色艳，外观漂亮，单果重475克左右；果面光洁，籽粒深红色，百粒重66.4克，籽特软可食，口感甘甜，最适老人、儿童食用。可溶性固形物含量在15%以上，可食率90%左右，品质极上，丰产稳产，适应性广泛。

（二）突尼斯软籽石榴

突尼斯软籽石榴是中国林业部1986年从突尼斯引进我国的优良品种，历经10多年的栽培试验和观察，其各方面性状均表现优异，尤其以成熟、早籽粒大、色泽鲜艳、果个大、籽特软等特点突出，经济效益十分显著，值得推广。突尼斯软籽石榴树势中庸，枝较密，成枝力较强。9月中旬成熟，果实圆球形，平均果重406克，最大650克；果皮阳面红晕、亮丽美观，百粒重 56.2 克，出汁率 91.4%，含可溶性固形物 15.5%、可滴定酸 0.29%，风味甘甜，肉汁率约 91.4%。籽粒特软可食，尤适老人、儿童食用。

（三）豫大籽石榴

豫大籽石榴是以河阴铜皮石榴为父本，新疆大红袍石榴为母本，人工杂交培育而成。该品种树势较旺、成枝力较强。花红色，花瓣 5～8 个，总花量大。郑州地区 10 月上中旬果实成熟。果实近圆球形，果个整齐，单果重在 250～600 克，最大果重可达 850 克。籽粒为红色，百粒重 75～90 克，出汁率在 90% 以上。果实成熟时果皮向阳面由黄变红，果皮光洁明亮，外皮薄，外观诱人。豫大籽石榴抗旱、抗寒性好，抗病虫能力强，择土不严，正常年份基本无病果，虫果很少。在北纬 35° 以南的平原、沙地、丘陵、山地等地区均适宜栽培。

（四）豫石榴 1 号

果实圆形，果皮红色。平均单果重 270.5 克，最大果重 672 克。籽粒玛瑙色，出籽率 56.3%，百粒重 34.4 克，出汁率 89.6%，含可溶性固溶物 14.5%、可滴定酸 0.31%，风味酸甜。果实成熟期为 9 月下旬。

（五）豫石榴 2 号

果实圆球形，果皮黄白色、洁亮。平均单果重 348.6 克，最大果重 850 克。籽粒水晶色，出籽率 54.2%，百粒重 34.6 克，出汁率 89.4%，含可溶性固溶物 14.0%、含糖 10.9%，含酸 0.16%，糖酸比 68：1，味甜。果实成熟期为 9 月下旬。

（六）豫石榴 3 号

果实扁圆形，果皮紫红色，果面洁亮。平均单果重 281.7

克，最大果重 536 克。籽粒紫红色，出籽率 56%，百粒重 33.6 克，出汁率 88.5%，含可溶性固溶物 14.2%、含糖 10.9%、含酸 0.36%，糖酸比 30：1，味酸甜。果实成熟期在 9 月下旬。

（七）泰 山 红

果实大，皮红色艳，近圆形。单果重 400～500 克，最大果重 750 克，果皮鲜红，果面光洁而有光泽，外形极美观。果皮中厚，质脆。籽粒鲜红，粒大肉厚，百粒重 54 克。果汁含可溶性固溶物 17%～19%，味甜微酸，籽小半软，品质风味极佳。果实成熟期遇雨无裂果现象，耐贮存。在泰安地区，果实于 9 月下旬至 10 月上旬成熟。盛果期因栽培管理条件不同而存有差异，一般在 20 年左右，其寿命可达 100 年以上。

（八）三 白 甜

因其花瓣、果皮、籽粒均为黄色至乳白色，故称"三白"。果实大，圆球形，平均单果重 300 克，最大果重 505 克。果皮较薄果面光洁，充分成熟时为黄白色。籽粒大，百粒平均重 22.9 克，汁液多，味浓甜，且有香味，含可溶性固形物 15%～16%，品质优。9 月中下旬果实成熟。

二、栽培管理

（一）栽前准备

1. 园地选择　石榴喜干燥、温暖和光照，要求年平均气温 10℃以上。因此选择土层深厚、肥沃、排水良好的沙质土壤或腐殖质土壤作园地种植较好。

2. 挖定植沟或穴　栽植时，按株距 2～3 米、行距 3～5 米挖大穴或沟进行栽植。冬季建园一般于 12 月中旬之前及早挖好定植沟或穴。挖沟（穴）时，把表土与心土分别堆放在沟（穴）两侧。将秸秆、落叶、杂草、河泥等有机物填放沟底（20～30厘米），穴径和穴深各 0.8～1 米，并施入土杂肥 20 千克与土混匀栽植。每穴施腐熟有机肥 25 千克、磷肥 1.5 千克，亩施肥量为 4 000～5 000 千克有机肥。最后回填生土与沟面平。填满后浇一次透水，踏实后等待苗木定植。

3. 品种和苗木选择 根据建园要求及栽培目的确定品种配置。石榴一般自花可以授粉，异花授粉坐果率更高。观光采摘园宜选择外观漂亮、品质较好的品种；还要根据当地气候选择品种，如突尼斯等软籽石榴抗寒性较差，冬季低温低于 −10℃ 的地区要进行设施或埋土栽培。要选择苗木品种纯正、健壮，芽体饱满、根系新鲜完整的健康苗。

（二）定植技术

1. 栽植方法 首先在定植点处挖小坑（20～30 厘米^2），将苗放入坑内，使根系均匀分布，然后将表土培于根系附近，轻提一下苗后踩实，使根系与土粒密接，上部用生土拌入肥料继续回填，并再次踩实。填土接近地表时，使根茎高于地面 5 厘米左右，在苗木四周培土埂做成树盘。栽好后立即充分灌水，待水渗下后，苗木自然随土下沉，然后覆土保湿或覆盖 1 米^2 的地膜。最后要求苗木根茎与地面相齐，埋土过深或埋土过浅都不利于石榴苗的成活。

2. 栽植方式与密度 国内石榴产区有长方形、三角形、等高式、丛状等栽植方式，可根据田块大小、地势地形、间作套种、田间管理、机械化操作等方面综合考虑选择，原则是既有利于通风透光，促进个体发育，又有利于密植、早产丰产。栽植密度因立地条件、品种不同而不同。一般株距 2～3 米、行距 3～5 米，亩栽 45～111 株。

3. 栽植时期 栽植时间分为秋栽和春栽。寒冷的北方以春栽为好，南方以春栽为宜。栽植时应选用大苗，栽后埋土，待植株发芽后再慢慢放苗，并灌坐根水。

（三）土肥水管理

1. 土壤管理

（1）**扩穴** 逐年扩穴和深翻加肥改土，是创造深、松、肥土壤条件的有效措施。此举在每年的落叶后、封冻前进行，并结合施有机肥料。扩穴可以翻出越冬害虫，以便被鸟吃掉或冻死，降低害虫越冬基数，减轻翌年危害；扩穴还可以铲除浮根，促进根系下扎，提高植株的抗逆能力；石榴树根蘖较多，消耗大量的水分养分，结合扩穴，修剪掉根蘖，使养分集中供应主干生长。

（2）**间作** 幼龄果园株行间空隙较多，合理间作可以提高土地利用率，增加收益，达到以园养园的目的。石榴园可间作蔬菜、花生、豆科作物、禾谷类、药材、绿肥等低秆作物，花卉育苗也可以。

（3）**中耕除草** 中耕除草是石榴园管理中的一项经常性的工作。在雨后或灌水后进行中耕，可防止土壤板结，增强其蓄水、保水能力。因此，在生长期要做到"有草必除，雨后必锄，关税后必除"。中耕锄草的次数应根据气候、土壤和杂草的数量而定，一般每年可进行4～8次。中耕深度以6～10厘米为宜。

2. 施　肥

（1）**环状沟施肥法** 此法适于平地石榴园，在树冠垂直投影外围挖宽50厘米左右、深25～40厘米的环状沟，将肥料与表土混匀后施入沟内覆土。此法多用于幼树，有操作简便、用肥经济等特点，但挖沟过程中易切断果树水平根，且施肥范围较小。

（2）**放射状沟施肥法** 在树冠正面距离主干1米左右的地方，以主干为中心，向外呈放射状挖4～8条至树冠投影外缘的沟，沟宽30～50厘米、深15～30厘米，肥土混匀施入。此法适用于盛果期树和结果树生长季节内追肥。开沟时顺水平根生长方向开挖，伤根少，但挖沟时要躲开大根。可隔年或隔次更换放射沟位置，以扩大施肥面，促进根系吸收。

（3）**穴状施肥法** 在树冠投影下，自树干中心1米以外挖施肥穴施肥。此法多在结果树生长期追肥时采用。

（4）**条沟施肥法** 结合石榴园秋季翻耕，在行间或株间或隔行开沟施肥，沟宽度、深度、施肥方法同环状沟。第二年施肥沟应移到另外两侧。此法多在幼园深翻和宽行密植的秋季施肥时采用。

（5）**全园施肥** 成年果园和密植果园，根系已遍布全园时采用此法。先将肥料均匀撒布全园，再翻入土中，深度约20厘米。优点是全园撒施面积大，根系可均匀地吸收到养分。但因施肥浅，长期使用此法易导致根系上浮，降低树体抗逆性。若与放射沟法轮换使用，则可互补不足，发挥最大肥效。

（6）**灌溉式施肥** 即灌水与施肥相结合，此施肥方法与喷灌、滴灌结合较多。灌溉式施肥时，肥分均匀，既不伤根，又保护耕作层土壤结构，节省劳力，肥料利用率高。树冠密接的成年果园和密植果园及旱作区采用此法更为合适。

采用何种施肥方法，各地可结合石榴园具体情况具体分析。采用环状、穴施、沟状放射沟施肥时，应注意每年轮换施肥部位，以便根系发育均匀。

3. 水分管理 依据石榴树的生理特征和需水特点，灌水可分为：萌芽水、花前水、催果水、封冻水。

（1）**萌芽水** 黄淮流域早春3月份进行萌芽前的灌水。灌萌芽水可增强枝条的发芽趋势，促进萌芽整齐，对春梢生长、花芽分化、花蕾发育有较好的促进作用，还可防止晚霜和倒春寒危害。

（2）**花前水** 5月上中旬灌一次花前水，为开花坐果做好准备，以提高坐果率。

（3）**催果水** 第一次在盛花后幼果坐稳并开始发育时进行，时间一般在6月下旬，可促进幼果膨大和7月上旬的第一批花芽分化，并可减少生理落果。第二次灌水，黄淮流域一般在8月中旬，果实正处于迅速膨大期，可促进糖分向果实的运输，增加果实着色度，提高品质，同时可以促进9月上旬的第二批花芽健壮分化。

（4）**封冻水**　采果后至土壤封冻前进行灌水，可结合秋施基肥翻耕管理进行。

（5）**排水**　园地排水是在地表积水的情况下解决土壤中水气矛盾，防涝保树的重要措施。

（四）花果管理

1. 提高坐果　为了提高石榴坐果率，获得丰产，常用的保花保果技术有：①品种混栽；②人工授粉；③花期放蜂；④在盛花期和花后15天各喷一次0.2%硼砂＋0.2%磷酸二氢钾＋0.2%尿素；⑤盛花期喷50毫克/升赤霉素＋0.2%尿素。

2. 疏花疏果　疏花在刚现蕾、能够分清筒状花和钟状花时进行为宜，每10天疏1次，主要疏除钟状花及所有三次花。疏果在6月中下旬进行，主要保留头花果，适当保留二花果，疏除三花果；树冠内膛和中下层要少疏，外围和上层多疏少留。

（五）整形修剪

1. 整　形

（1）**高效石榴园宜采用主干疏层形**　定干高度以50～70厘米为佳。当年冬剪时，在剪口下30～40厘米整形带内按不同的方向进行定干。其中剪口下第一个枝留作中心主干，在剪口上部50～60厘米处再剪截。第二年留第二层主枝。3～4年后树形基本完成。

（2）**密植园多采用自由纺锤形**　树高2.5米左右，主干50～60厘米左右，主枝10～12个，主枝螺旋上升排列在中心干上，不分层、不重叠，主枝间距20～30厘米。主枝长1.0米左右，主枝角度70°～90°，冠径2～2.8米。主枝上不培养侧枝，直接着生结果枝组，全树下大上小，下宽上窄，下粗上细，以短果枝和中小枝组结果为主。

2. 修 剪

（1）修剪技术 主要包括短截、疏剪、缩剪、缓放、环剥与环割、摘心、抹芽和清墩、扭梢和拉枝等。

（2）修剪方法

①培养树形 幼树以整形为主，因其主干不明显，栽植时应采用圆头形、丛状形、开心形或主干疏散分层形，以便于管理和早期丰产。

②适当晚剪 石榴枝条组织疏松、耐寒性差，为减少冻害，冬剪宜延至2月下旬进行。

③冬夏剪结合 冬剪以疏剪为主，短截回缩为辅。冬剪往往会造成树势过旺、不利于花芽形成，使雌花率和坐果率相对较低，因此在生长季节还应结合抹芽、扭梢、摘心、清墩等措施调节树势。

④更新修剪 对树龄较大的衰老树，更新修剪要逐年进行，不可操之过急。若一次回缩过重，则不但达不到更新的目的，反而会加快树体的衰老。

⑤留外不留内，留直不留横，剪口芽应向外侧留 切忌夏剪时剪去大枝，夏剪量大又会造成树势弱。因此，对树势弱的树应适当增加冬剪量，对旺树要适当增加夏剪量。

⑥疏除为主，短截为辅 石榴树的结果枝顶部多是花芽，无须短截，密者可以疏除；扰乱树形，影响通风透光的徒长枝也应疏除。生长势很强，比较直立的徒长枝可以培养成骨干枝。

三、主要病虫害防治

（一）病 害

1. 石榴干腐病 主要危害花、花梗和果实。花梗、花托染病后易出现褐色凹陷斑，重病花提早脱落。果实染病后病部变灰黑色，松软，渐失水干缩，后期其上密生黑色小粒点，即病菌分生孢子器。

【防治方法】 ①低洼积水或靠近水源处均不宜栽植刺槐；做好开沟排水工作，降低土壤湿度。②及时清除死株或残桩，土壤用5%甲醛液消毒。③树干涂白，并将硫酸铜、硫酸亚铁或石灰撒于土表，有一定的防治效果。④早期病斑采用外科手术挖除或在病斑上打孔或用刀划破，然后均匀涂抹国光愈伤涂膜剂（糊涂）＋5～10克松尔混合膏剂涂抹伤口，涂2～3次，对病害有抑制作用。⑤坐果后立即进行套袋，可兼治疮痂病，也可防治桃蛀螟。

2. 石榴早期落叶病 早期落叶病包括多种病，从病斑特征上可分为褐斑病、圆斑病和轮纹斑点病等数种，其中以褐斑病危害最为严重。褐斑病严重时会造成早期大量落叶，使树势早衰，花芽少和产量降低。该病主要侵害叶片。

【防治方法】 ①秋、冬季节清除园内石榴落叶，集中烧毁或深埋，以减少越冬病源。②加强综合管理，合理疏剪，改善树冠内通风透光条件，减少病菌发生条件和机会。③生长期间，喷2～3次1∶1∶200倍式波尔多液，或50%肿·锌·福美双可湿性粉剂600倍液，或50%甲基硫菌灵可湿性粉剂800～1000倍液，或65%代森锌可湿性粉剂500～800倍液。首次喷药应在麦收前进行。喷药时要注意喷匀、喷细，不能漏喷。叶背、叶面均要喷到。

3. 果腐病 由褐腐病菌侵染造成的果腐，多在石榴近成熟期发生。初始在果皮上发生淡褐色水浸状斑，迅速扩大，以后病部出现灰褐色霉层，内部籽粒随之腐坏。病果常干缩成深褐色至黑色的僵果悬挂于树上不脱落。病株枝条上可形成溃疡斑。

【防治方法】 ①防治褐腐病：于发病初期用40%多菌灵可湿性粉剂600倍液喷雾，7天1次，连用3次，防效95%以上。②防治发酵果：关键是杀灭榴绒粉蚧和其他介壳虫如康氏粉蚧、龟腊蚧等，于 5 月下旬和 6 月上旬两次施用 25% 噻嗪酮可湿性粉剂，每亩每次 40 克，使用稻虱净也有很好防效。③防治生理落果：用浓度为 50 毫克 / 升的赤霉素于幼果膨大剂喷布果面，10 天 1 次，连用 3 次，防裂果率达 47%。

4. 枯枝病　被侵染的枝条或茎部，初期出现黑褐色斑块，随后病斑逐渐扩大，病斑环绕枝条或茎，致使病部以上枝干枯死。

【防治方法】　①加强栽培管理，生长期内定期修剪伤残枝或病枝并集中销毁。选择晴天整形修剪，有利于伤口愈合。冬季修剪时，应彻底剪除病枝、枯枝，并集中销毁，以减少翌年病源。②发病初期喷 77% 可杀得可湿性微粒粉剂 500 倍液，或 14% 络氨铜水剂 300 倍液，隔 10～14 天 1 次，连续防治 3～4 次。

（二）虫　害

1. 豹纹木蠹蛾　被害枝基部木质部与韧皮部之间有一个蛀食环，幼虫沿髓部向上蛀食，枝上有数个排粪孔，有大量的长椭圆形粪便排出。受害枝上部变黄枯萎，遇风易折断。

【防治方法】　①成虫有趋光性，可在石榴园内安装黑光灯诱杀成虫。②7 月份幼虫孵化期结合防治桃小食心虫，喷施 40% 水胺硫磷乳油 1 500 倍液，或 10% 氯氰菊酯乳油 3 000～5 000 倍液，能有效地杀死幼虫。③做好冬季清园工作，及时去病虫危害枝，集中烧毁。

2. 黑蝉　若虫生活在土中，刺吸根部汁液，削弱树势。成虫产卵于 1 年生枝梢内，导致产卵部以上枝梢枯死。

【防治方法】　①彻底剪除产卵枝并烧毁灭卵，结合管理在冬、春季修剪时进行，效果极好。②在老熟若虫出土羽化期，早晚捕捉出土若虫和刚羽化的成虫，可供食用。③可在树干上和干基部附近地面喷洒残效期长的高浓度触杀剂或药粉，毒杀出土成虫。

3. 桃蛀螟 俗称蛀心虫、食心虫。危害石榴果实时，从被害果内部向外排积粪便，常致果实腐烂早落。

【防治方法】 ①在每年 4 月中旬，越冬幼虫化蛹前清除越冬幼虫。②捡拾落果和摘除虫果，消灭果内幼虫。③在石榴园内点黑光灯或用糖醋液诱杀成虫，可结合诱杀梨小食心虫进行。④在第一、第二代成虫产卵高峰期喷药：50% 杀螟松乳油 1 000 倍液，或 Bt 乳剂 600 倍液，或 35% 硫丹乳油 2 500～3 000 倍液，或 2.5% 三氟氯氰菊酯乳油 3 000 倍液。

4. 桃小食心虫 又名桃蛀果蛾，是果树常见和危害严重的害虫。幼虫仅危害果实，果面上出现针状大小的蛀果孔，呈黑褐色凹点，孔四周呈浓绿色，外溢出泪珠状果胶，干涸后呈白色蜡质膜。此症状为该虫早期危害的识别特征。

【防治方法】 ①在早春越冬幼虫出土前，将树根颈基部土壤扒开 13～16 厘米，刮除贴附表皮的越冬茧。于第一代幼虫脱果时，结合压绿肥进行树盘培土，灭夏茧。果实受害后，及时摘除树上虫果和拾净落地虫果。②当越冬幼虫连续出土 3～5 天且出土数量与日俱增时，或利用桃小性诱剂诱到第一关成虫时，向树盘及树冠下的梯田壁喷施药剂，杀死出土越冬幼虫。也可在树下撒辛硫磷颗粒剂杀死越冬出土幼虫，在树上喷巴丹或对硫磷杀卵及初代幼虫；还可在幼虫化盛期喷洒杀螟松，及时摘除病虫果，诱杀脱果幼虫等。③药液主要用来消灭虫卵和初孵化的幼虫。当性诱剂诱捕器连续诱到成虫，树上卵果率达 0.5%～1% 时，开始进行树上喷药。50% 对硫磷乳油 1 000 倍液对卵和幼虫均有触杀作用，可杀死蛀入果内 2～3 天的幼虫，但残效期仅 1～3 天。50% 杀螟硫磷乳油 1 000 倍液效果较好，但对高粱、玉米有药害，使用时应予以注意。2.5% 溴氰菊酯乳油 2 000 倍液、10% 氯氰菊酯乳油 1 000～2 000 倍液、20% 尔灭菊酯乳油 2 000～4 000 倍液，杀虫率较高，但此药剂为广谱性杀虫剂，在一年中不宜连续使用 2 次以上。

5. 棉蚜 俗称腻虫，以刺吸口器插入叶背面或嫩组织吸食汁液，受害叶片向背面卷缩，叶表有蚜虫排泄的蜜露，并往往滋生霉菌。

【防治方法】 在展叶后可以喷布10%吡虫啉可湿性粉剂2 000倍液，或使用40%氧化乐果药液涂茎，具有长效杀蚜效果。

第十一章
梨

一、优良采摘品种

（一）中梨 1 号

由中国农科院郑州果树研究所培育的耐高温高湿的优良大果型早熟新品种。2003 年通过河南省林木品种审定委员会审定。2005 年 12 月份通过国家林业局林木品种审定委员会审定。郑州地区 7 月中旬成熟。平均单果重 220 克，最大果重 450 克。果实近圆形或扁圆形，果面较光滑，果点中大，绿色，果形正、外观美，果心中等。果肉乳白色，肉质细脆，石细胞少，汁液多，含可溶性固形物 12%～13.5%、总糖 9.67%、可滴定酸 0.085%、维生素 C 3.85 毫克 / 百克，风味甘甜可口，有香味，品质极上等。货架寿命 20 天，冷藏条件下可贮藏 2～3 个月。该品种对轮纹病、黑星病、干腐病均有较强的抵抗能力，适合我国中西部地区、长江流域、云贵高原地区栽种，发展前景良好。

（二）中梨 2 号

中国农业科学院郑州果树研究所培育而成。2015 年通过河南省林木品种审定委员会审定。郑州地区 8 月上旬成熟。果实近圆形，整齐端正，平均单果重 200 克。果面绿黄色，果点小而稍密，萼片脱落。果肉淡黄白色，肉质细脆酥松，汁液多，石细胞少，风味纯正，甘甜具香味，含可溶性固形物 12.3%、总糖 7.54%、总酸 0.14%，维生素 C 4.05 毫克/百克，品质极上。果实较耐贮，室温下可贮 30 天左右。中梨 2 号成熟期比黄冠早 10 天左右。果面洁净，外观漂亮，可用于观光采摘园。该品种宜在华北、西北及渤海湾等地区推广种植。

（三）中梨 4 号

由中国农业科学院郑州果树研究所选育的耐高温高湿的早熟大果型梨新品种。2013 年通过河南省林木品种审定委员会品种审定。平均单果重 300 克，果实近圆形，果面光滑洁净，具蜡质，果点小而密，绿色，采后 10 天保持鲜黄色且无果锈。果梗长 3.5 厘米、粗 0.3 厘米，外形美观。果心极小，果肉乳白色，肉质细脆，常温下采后 20 天肉质变软，石细胞少，汁液多，含可溶性固形物量 12.8%，风味酸甜可口，无香味，品质上等，货架期 20 天，冷藏条件下可贮藏 1～2 个月。该品种丰产、抗黑斑病，可在华南、华中、西南及黄河故道地区种植。

（四）早 酥 蜜

中国农业科学院郑州果树研究所选育的高糖、极酥脆早熟梨新品种。2014 年通过河南省林木品种审定委员会品种审定。平均单果重 250 克，果实卵圆形，果面绿黄色，果点小而密，类似砀山酥梨。果心小，果肉乳白色，肉质极酥脆，其酥脆程度超过亲本砀山酥梨，远超七月酥和早酥。该品种汁液多，风味甘甜，含可溶性固形物 13.1%、可滴定酸 0.096%、总糖 7.84%、维生素 C 5.46 毫克/百克，品质上等。在河南郑州地区 7 月上旬成熟，比早酥早熟近 20 天，比砀山酥梨早熟 2 个月。货架寿命 30 天，冷藏条件下可贮藏 1～2 个月。该品种可在我国华北、西北及渤海湾等酥梨种植区作为主栽、早熟品种大面积推广种植。

（五）翠　冠

由浙江省农业科学院园艺所育成的新品种。1998 年通过浙江省品种认定。果实圆形，属大果型，平均单果重 230 克，最大果重 450 克。果皮光滑，底部绿色、分布有锈斑，皮色似新世纪，果点分布稀疏。果肉白色，肉质细嫩松脆，与母本幸水相似，是目前砂梨系统中肉质最好的品种之一。该品种味甜、汁液多，含可溶性固形物 11%～12%，品质上等。翠冠梨主要突出优点是品质佳、肉质松脆、汁多味甜。唯一缺点是果面有锈斑。通过采用套袋、改进喷药方法等措施，外观可明显改进，深受生产者和消费者青睐。

（六）翠　玉

浙江省农业科学院园艺研究所于 1995 年以西子绿为母本，翠冠为父本选育的早熟梨新品种。在杭州地区，果实 7 月上旬成熟。平均单果重 300 克，果实圆形。果皮绿色，阳面无着色。果肉乳白色，肉质细、松脆，汁液多，味甜，无香味，含可溶性固形物 10.5%，品质中上等。常温下可贮藏 30 天。翠玉梨成熟期极早，外观品质优、较耐贮藏，综合性状优良，可作为南方发展早熟梨的推广品种。

（七）黄　冠

黄冠是河北省农林科学院石家庄果树研究所杂交培育而成。1996 年 8 月通过农业部鉴定，并于 1997 年 5 月通过河北省林木良种审定委员会审定。果实椭圆形，个大，平均单果重 235 克，最大果重 360 克。果面光洁，果点小、中密。外观酷似"金冠"苹果。果心小，果肉洁白，肉质细腻，松脆，石细胞及残渣少。风味酸甜适口并具浓郁香味，含可溶性固形物 11.4%、总糖 9.38%、总酸 0.20%、维生素 C 2.8 毫克/百克，品质上等。郑州地区 8 月 15 日成熟，自然条件下可贮藏 20 天，冷藏条件下可贮至翌年 3～4 月份。

黄冠梨 3 年即可结果，以短果枝结果为主。采前落果轻，丰产稳产，且对梨黑星病有较高的抵抗能力。该品种是一个发展前景广阔的优良中熟品种。

（八）红 酥 脆

中国农业科学院郑州果树研究所与新西兰皇家园艺与食品研究所共同培育而成。郑州地区花芽萌动期为 3 月下旬，9 月中下旬果实成熟。果实近圆形或卵圆形，平均单果重 250 克，最大果重在 850 克以上。果面浅绿色，果点大而密，果实阳面着鲜红色晕，占果面 1/2～2/3。部分果柄基部肉质化，梗洼浅狭，萼洼深狭，萼片脱落。果肉乳白色，肉质细、酥脆，汁多味甜，果心小，无石细胞，含可溶性固形物 13%～14.5%、总糖 8.48%、总酸 0.39%、维生素 C 7.03 毫克 / 百克，品质上等。该品种较耐贮藏，常温下可贮藏 1 个月左右。

（九）满 天 红

中国农业科学院郑州果树研究所与新西兰皇家园艺与食品研究所共同培育而成。1997 年命名并发表。郑州地区 9 月上旬果实成熟。果实大，近圆形或扁圆形，平均单果重 290 克，最大果重 482 克，成熟时果实底色绿黄，全面着以红晕。果肉淡白色，肉质酥脆，汁极多，味酸甜，有淡涩味，果心很小，石细胞也少，品质中上或上等。贮藏后风味更浓。果实含可溶性固形物量 11.6%，较耐贮藏。

（十）红 香 酥

中国农业科学院郑州果树研究所选育，1997 年与 1998 年分别通过河南、山西省农作物品种审定委员会审定。2002 年通过国家审定，2003年获得河南省科技进步二等奖。华北地区果实9月下旬成熟。平均单果重220克，最大果重达489克。果实纺锤形或长卵圆形，果面洁净、光滑，果点中等较密。果皮绿黄色，2/3果面鲜红色。果肉白色，肉质致密细脆，石细胞较少，汁多，味香甜，含可溶性固形物13.5%，品质极上。果实较耐贮运，冷藏条件下可贮藏至翌年3～4月。采后贮藏20天左右果实外观更加艳丽。红香酥梨以我国西北黄土高原地区、川西、华北地区及渤海湾地区为最佳种植区。

（十一）红 宝 石

中国农业科学院郑州果树研究所选育的红皮梨新品种。2015年通过河南省林木品种审定委员会审定。该品种果实近纺锤形，平均单果重280克，果皮光滑，几近全红色，果点小而疏。果肉乳白色，肉质细脆、稍硬，汁液中等，石细胞少，果心较小，含可溶性固形物14.6%、可滴定酸0.29%、维生素C 7.24毫克/百克。风味酸甜爽口，品质中上。该品种较耐贮藏，常温下可贮藏20天左右，贮后果实风味更佳。红宝石梨为红色中晚熟品种，着色红艳，外观漂亮，丰产稳产，抗逆性强，非常适合观光采摘。

（十二）华 酥 梨

中国农业科学院果树研究所育成，1999年通过辽宁省农作物品种审定委员会审定并命名。在辽宁兴城地区8月上旬成熟。果实近圆形，个大，平均单果重200～250克。果皮黄绿色，果面光洁、平滑，有蜡质光泽、无果锈，果点小而多。果心小，果肉淡黄白色，酥脆，肉质细，石细胞少，汁液多；含可溶性固形物10%～11%、可滴定酸0.22%，维生素C 1.08毫克/百克，酸甜适度，风味较浓厚，并略具芳香，品质优良。华酥梨耐贮性较差，室温下可贮放20～30天，最适食用期限25天。

（十三）秋　月

由辽宁省经济林研究所于2001年初从日本引进的中晚熟褐色砂梨品种。山东胶东地区9月中下旬果实成熟。果实扁圆形，果形端正，果肩平，单果重400～500克，最大果重1000克。不套袋果果皮呈青褐色，贮藏后变为黄褐色；套袋果果皮为黄褐色，外观极漂亮。果肉乳白色，肉质细脆，汁多味甜，清香爽口，石细胞极少，品质极佳。果核小，可食率达95%以上，含可溶性固形物13%～15%。该品种适应性较强，抗寒，抗旱，较抗梨黑星病和梨黑斑病，对水肥条件要求不高。

（十四）华　山

该品种由韩国选育，属砂梨系统、大果型梨。在四川地区果实7月中下旬至8月上中旬成熟，淮河以北地区9月上中旬成熟。果实圆形，果点小而稀。平均单果重500克，最大果重800克。果皮薄，黄褐色，套袋后变为金黄色。果肉乳白色，石细胞少，果汁多，含可溶性固形物13%～15.5%，是韩国梨品种中含糖量最高的品种之一。其可食率94%，肉质细脆，化渣，味甘甜，品质极佳；坐果率高，丰产、稳产，抗黑星病、黑斑病能力强，花粉量大，可以作为其他品种的授粉树，但不能作为甘泉梨的授粉树。该品种贮藏性较好，冷库可贮存6个月左右。

二、栽培管理

（一）栽前准备

1. 品种选择　梨的品种很多，作为栽培的优良种类主要有砂梨、白梨、秋子梨和西洋梨四个系统。如砂梨系统耐高温高湿，非常适合黄河流域、长江流域及以南地区种植；秋子梨抗寒性强，主要适合我国东北地区。按成熟期，从6月初至10月底均有优良梨品种成熟。所以，各地应根据当地市场和种植规模选择合适的品种。南方地区建议以种植7月底之前成熟的梨品种为主，如中梨4号、翠玉、若光等。华北和西北黄土高原地区应选择中晚熟和晚熟品种为主，如秋月、红香酥、晚秀等品种。

若在大城市附近建园，则建议选择不同熟期的品种，可在6～10月份就近供应当地市场。若是小规模果园，则不宜种植太多品种，选择2～3个品种即可。

从目前的梨品种来看，早熟优良品种主要有中梨4号、中梨5号、翠玉、若光等，中熟优良品种主要有早红玉、玉香蜜、华山、圆黄、黄金、红酥蜜、红酥宝等，晚熟品种则以红香酥、秋月、丹霞红等为宜。

2. 授粉品种的配置 梨树多数品种自花不实，虽有部分品种自花能实，但结实率低，尤其在花期阴雨或有冻霜时，结实率更低，而且落果严重。因此，合理配置授粉品种是提高产量和品质的重要措施。

在选择授粉品种时，为了提高授粉效果，应选择花粉数量和质量都比较高的品种，授粉品种的花期应比主栽品种略早或相近。另外，还应选择具有很高经济价值的优良品种为授粉品种。为了使授粉品种充分挂果，应选择两个以上授粉品种，使之相互授粉。授粉品种与主栽品种的比例，因地区气候有所差别：北方地区风较大，花期少雨，晴天多，昆虫活动多，可按1:4配置；南方地区花期常遇阴雨，不利于昆虫活动，加上风较小，可按1:3配置。如果授粉品种经济价值高或与主栽品种相近，那么也可按1:2或1:1配置。通常2～4行主栽品种，间种1行授粉品种。密植园内株与株之间形成篱壁，由于蜜蜂在行内活动，很少穿行（穿行概率为20%～30%），所以授粉树太少时宜在行内配植。

（二）定植技术

1. 栽植沟的开挖　通常按照南北行向用80厘米宽的挖掘机开挖定植沟。挖沟时表土放一边，下部的底土放另一边，开挖成宽80厘米、深80厘米的定植沟。之后每亩用5吨农家肥料与挖出的表土搅拌均匀后回填在沟底，把挖出的底土回填在上部，再用大水顺沟漫灌，让肥料和回填土壤密实即可。

2. 栽植时期与方式　栽植时期要根据当地气候条件而定。北方地区以春栽（3～4月份）为宜，入冬前较温暖、土壤湿度大的地区也可以秋栽。南方地区10月份至翌年2月份均可栽植，但以秋栽为佳，秋栽以10～11月份为最佳。秋栽的苗木伤口愈合早，能较早长出新根，因此秋栽苗木成活率高，缓苗期短，生长旺盛。

栽苗时应将定植沟内及四周的泥土铲细，越细越好，使之更易和根系紧密接触。将苗木根系理直理顺，然后分层盖上细泥土，栽好后根颈部应高于地面6～10厘米。浇足定根水，并用黑色地膜或杂草覆盖树盘。

3. 栽植密度　合理密植是增产早产的重要措施，尤其是新品种，为了获得前期效益，必须进行密植栽培（表11-1）。密植、早果、优质、简约栽培是世界梨栽培技术发展的必由之路，也是获得高效益的有效捷径。

梨密植栽培具有以下优点：①结果早、见效快；②品质好，产量高；③节约耕地，管理方便，省工，效益高。

由于密植栽培的梨树主干较高、冠幅较小，果园覆盖率高，所以更节约土地。采用细长的圆柱树形适合的栽植密度为4.5米×1米或3.5米×1米，4.5米×1米的栽植密度较为适合大部分生产者，不易造成果园郁闭；而3.5米×1米的栽植密度需要较高的栽培管理技术，适合有一定栽植技术的生产者。

表 11-1　梨园不同密度及树形参考表

密度（米×米）	亩栽株数（株）	树　形
4 × 0.5	333	细长圆柱形、细长纺锤形
4 × 0.75	254	细长圆柱形、主干形、细长纺锤形
4 × 1.0	166	细长圆柱形、主干形、细长纺锤形
3.5 × 0.75	254	细长圆柱形、主干形、细长纺锤形
3.5 × 1.0	190	细长圆柱形、主干形、细长纺锤形
3.5 × 1.2	158	细长纺锤形、主干形、纺锤形

（三）土肥水管理

1. 土壤管理　梨园最好采用生草制度，不仅能有效提高土壤有机质含量，还能改善果园生态环境，并有利于培养天敌，有效抑制害虫发生的基数。多数生产者在幼树期想利用果园间作增加收入来弥补前期果园投入成本，但在目前农作物的市场环境下往往得不偿失，因为生产的农作物收入还不够投入的劳动力成本，所以不建议进行果园间作。

对栽苗前没有改土的果园，应在第一年秋季，结合施有机肥进行扩穴改土。从距主干 30～50 厘米处开始扩穴，穴深50～60 厘米、宽 60～80 厘米，长度不限，分层压入杂草、磷肥和少量石灰（碱性土不加石灰）等，直至全园。对进行壕沟改土或大穴定植的果园，也应从壕沟或大穴的边缘处开始扩穴，直至全园。这样有利于诱导根系向下及四周迅速生长，从而增强根势和抗旱能力，为优质丰产打下基础。

2. 幼树施肥　幼树施第一次肥一般在苗木定植成活发芽后，新梢 5 厘米长时进行，一般株施尿素 10～15 克。第一年每10～15 天施肥 1 次，7 月份加施磷钾肥以促进枝条成熟，8～9月不施肥，10 月上旬施基肥，以有机肥为主，结合施磷肥。第

一、第二次施肥可采用浇施，以后则必须进行沟施。

第二、第三年，结合整形及促花技术，植株会开花结果，密植园将有一定产量，每年施肥 4 次即可。第一次于 2 月中旬发芽前施用，以氮肥为主，株施尿素 50～100 克；第二次于 5 月初以氮、磷、钾肥配合施用，可株施尿素 100 克、过磷酸钙 100 克、硫酸钾 50 克；第三次于 7 月初施用，株施过磷酸钙 150 克；第四次于 10 月初施基肥，株施过磷酸钙 150 克。

3. 成年树（丰产园）施肥

（1）施肥时期

①萌芽肥（春肥）　在 2 月中旬萌芽前施用，此次施肥主要是促进花器发育，提高坐果率，增强新梢生长。梨树大多以短果枝结果为主，短果枝一般在花后 15 天停梢，若春肥施用过迟则使枝梢生长过旺，不能及时停梢而影响果实肥大和花芽分化。此次施肥宜早不宜迟，以萌芽前 10～15 天施用为宜，以速效氮肥结合有机肥施用。速效氮肥占全年施肥总量的 25% 左右，有机肥占 20% 左右，可亩施尿素 15 千克。

②壮果肥（夏肥）　壮果肥在 5 月上中旬施用，此时正值梨树叶片大量形成期（亮叶期），且幼果开始膨大，可为 6～7 月份果实迅速膨大和 6～8 月份的花芽分化提供足够养分。此次施肥量较大，占全年总量的 50% 左右，以有机肥、氮肥、钾肥为主（钾肥全部施入）。一般亩施尿素 30 千克、硫酸钾 30 千克、沼液水 4 000 千克左右。中、晚熟品种推迟在 5 月下旬至 6 月上旬施用。

③基肥（秋肥）　基肥通常在采果后一次性施用，一般在 9 月下旬至 11 月上旬，可结合扩穴改土一起进行。此次施肥主要目的是增加和积累树体养分、提高树体越冬抗寒能力和翌年花芽质量，为翌年丰产打下基础。此次以有机肥为主，盛果期一般亩施牲畜有机肥 4 000～7 000 千克，加过磷酸钙 700 千克。若有沼液，则可每亩冲入沼液水 3 000 千克。

（2）施肥方法

①基肥　梨根系强大，分布较深远。幼树基肥应采用环状沟或扩穴放窝法分层深施，沟宽 0.6～0.8 厘米、深 50～60 厘米，并轮换开沟，每年逐渐将果园全部深翻施肥一遍，即可引导根系在土层中深入扩展。成年的丰产园或密植园，根系已布满全园，宜采取全园施肥法，以使根系全面接触肥料，提高肥效。经过 4～5 年，为更新根系、活化土壤，可对果园分期、分批进行深耕。

②追肥　追肥应根据肥料种类、性质，采用放射沟、环状沟或穴施法施肥，春季追肥深 20～30 厘米，施后及时覆土。由于壮果肥（5 月份）的施肥量较大，且由化肥和有机肥混合，所以应挖 30～40 厘米宽的沟穴施入。

③根外追肥　一般可结合喷药一起进行，尤其是 4～5 月份采用根外追肥，效果更好。根外追肥常用浓度：尿素 0.3%～0.5%、人尿 5%、过磷酸钙 1%～2%（浸出液）、硼 0.2%～0.5%、硫酸亚铁 0.5%、锌 0.3%～0.5% 等。如果几种肥料共用，那么总浓度以不超过 0.5% 为宜。

4. 灌水与排水　梨的生长发育需要大量的水分，由于降雨分布不均匀，加之渗漏损失和地面蒸发，一般认为仅 1/3 的降水可被利用，加上梨是耐旱性弱的树种，要正常生长并获得优质高产与连年丰产，就必须得灌溉，尤其在花期和果实膨大期更应注意灌水。

长江流域及其以南的大部分地区，春夏季要注意排水，夏秋季和冬季要注意灌水，个别春旱年份要注意春灌。灌水方法以沟灌、穴灌、滴灌等方法为好，灌后及时锄地保墒，减少土壤水分蒸发。云南省昆明地区从当年 10 月份至翌年 5 月份基本没有有效降水，必须进行灌水才能满足翌年梨树生长发育的需要。华北及西北地区冬春季要注意灌水，夏秋季视天气状况进行灌水。灌水方法以沟灌、穴灌、膜下滴灌为好，灌后及时锄地保墒，减少土壤水分蒸发。

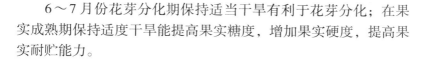

　　6～7月份花芽分化期保持适当干旱有利于花芽分化；在果实成熟期保持适度干旱能提高果实糖度，增加果实硬度，提高果实耐贮能力。

（四）花果管理

1. 液体授粉技术

（1）配制梨液体授粉营养液　以0.04%的黄原胶作为花粉分散剂，以蔗糖作为主要的渗透调节剂，选取硼酸和硝酸钙两种促进花粉萌发的物质作为营养液的主要成分。最适宜花粉活力保存和萌发的液体营养液为：15%蔗糖＋0.01%硼酸＋0.05%硝酸钙＋0.04%的黄原胶。

　　①营养液的配制　先将黄原胶用沸水充分搅拌溶解后再冷却至室温，然后依次加入蔗糖、硝酸钙和硼酸搅拌，使其充分溶解，最后加入花粉，迅速搅拌，使其在溶液中分散均匀。

　　②花粉溶液　比较试验结果表明，达到最高坐果率的最适花粉浓度为0.8克/升，坐果率比自然授粉高10%～20%或以上。

（2）授粉方法　可用普通喷壶、普通压力式喷雾器和电动式静电喷雾器进行授粉，采用电动式静电喷雾器的，每亩花粉用量和授粉时间最少。

2. 花期喷硼　硼能促进花粉管的萌发与伸长，促进树体内糖分的运输，花期喷硼能提高梨树的坐果率，可于全树花开25%和75%时各喷1次0.3%～0.5%的硼砂（酸）溶液，加0.3%～0.5%的尿素。开花需要大量磷、钾元素，加喷或单喷0.3%磷酸二氢钾溶液，也可提高坐果率。

3. 花期防霜冻

（1）花前灌水　能降低地温，延缓根系活动，推迟花期，减轻或避免晚霜的危害。

（2）树干涂白　花前涂白树干，可使树体温度上升缓慢，延迟花期3～5天，避免或减轻霜冻危害。

4. 促花措施 ①当新梢长 30 厘米时，反复摘心，或在 4 月下旬新梢半木质化时对其撑（扭）枝。②夏季将背上直立枝抹除，并对其上抽生的枝梢在半木质化时扭梢。③5～7 月份对不易成花的旺树适当多次环割和控水措施。

5. 果实管理

（1）保花保果措施 一是加强土肥水管理和病虫害防治，使树体强健、养分充足。二是人工授粉可提高坐果率，而且在阴雨绵绵的天气下也能促进坐果，还可增大果实，提高果实品质，使果形整齐。人工授粉必须提前 1～3 天收集好授粉树的花粉，在梨开花初期进行人工点授，同时结合进行疏花疏蕾工作。以点授边花和先开放的花为主，每花序点授 1～2 朵花即可，但黄金梨以点授 2～3 朵花为佳。三是其他保果方法：①花期果园放蜂。②花期喷 0.2～0.4% 硼酸也能促进坐果。③喷 0.3% 尿素 + 0.2% 硼砂 + 15 毫克 / 升萘乙酸。④花后喷 0.3% 磷酸二氢钾 + 0.2% 尿素液 + 50 毫克 / 升赤霉素。⑤花前和花后各喷 1 次 PBO 100～150 倍液。⑥花后 3 周喷 1 次 15% 多效唑可湿性粉剂 300～500 倍液。

（2）疏花疏果

①疏花 一般来说，日韩梨品种花量多，花期天气好时可疏除过多的花芽和花朵，提高花的质量，从而提高坐果率。有晚霜危害的地区在谢花后疏果更为稳妥。疏去量由树势、品种、肥水和授粉条件而定，旺树旺枝少疏多留，弱树弱枝多疏少留，先疏密集和弱花序，疏去中心花，保留边花。疏花芽在萌芽期进行，每亩梨园平均留健壮花芽 15 000 个左右即可。疏花时间以花序伸出到初花期为宜，一般在人工授粉时结合进行疏花，把没有点授的花朵全部疏掉，每花序保留第一、第二序位的花（边花），或先开放的第一、第二朵花。

②疏果 疏果在早期落果高峰期之后进行，以落花后两周左右进行为宜。可结合套袋进行，每花序留 1～2 个果即可。首先

疏去病虫果、畸形果，保留果形端正、着生方位好的果。果枝两侧每 25～30 厘米留 1 个果，下垂枝 35～40 厘米留 1 个果，超过 40 厘米的地方可留双果；或以带叶新梢为标准，即 3～4 个新梢留果 1 个；或按叶果比 25～30：1 的比例留果。一般大果型品种可少留果，小果型品种多留果。如黄金梨，若按亩产 2 000千克计算，则需留果 8 000～10 000 个，每株树留果 25～30 个，可确保收获 6 000～7 000 个果实。

（3）提高果实品质的措施　①增施有机肥和磷钾肥。②喷施0.3% 尿素＋0.2% 磷酸二氢钾或绿芬威 1 号等。③果实膨大期喷 1～2 次芸苔素内酯（一瓶 3.3 毫升，加水 13 升）＋250 倍食用醋，以提高果肉嫩度和果皮光洁度。④梨花大蕾期或全树开花10% 时，喷 250～300 倍的 PBO 或喷 15% 多效唑，可提高脱萼率 90% 以上。

（4）防止裂果和采前落果　主要方法：①果实套袋。②在 5月上中旬施足磷钾肥，并用杂草覆盖树盘，可抗旱、保墒、防裂果。③不要一次性施过多速效氮肥，使果肉、果皮发育均衡，以减少果实表皮的角质龟裂形成的锈斑。同时少喷波尔多液，以减少果锈，并加强梨锈病的防治，预防或减轻锈斑。④采前 1 个月喷 1 次 350 毫克 / 升赤霉素或喷萘乙酸 10～100 毫克 / 升，可有效防止采前落果。

（5）补钙　钙能促进果实的增大和可溶性固形物的提高，而梨果实对钙的吸收则以幼果期为主，一般在谢花后至谢花 25 天内为吸钙高峰。果实套袋后对钙的吸收显著下降，为了不因套袋而降低果实品质和减轻单果重，在套袋前的幼果期（谢花后15～20 天）必须喷 1～2 次离子钙，如翠康钙宝等，以满足果实生长发育对钙的需求。

（6）果实套袋　为了提高果实商品性，预防病虫害，果实要套袋。早熟品种套 1 次袋，根据果实大小，选用国产双层或单层含药的纸袋为好。于谢花后 25 天以内果面果点形成之前，对果面喷一次广谱性杀菌剂和杀虫剂，药液干后及时套袋，当天喷药当天套完。中、晚熟品种须套两次袋，第一次套膜袋或白色纸袋，在谢花后 15 天开始进行，方法同前，至谢花后 20 天之前完成；20 天后再套第二次袋，选用内黑外黄的双层纸袋。双层纸袋在果实采收前一个月拆去外层纸袋，以利于果实感光；单层纸袋，在采果时去袋。在成熟前 10～15 天去袋能显著提高果实的可溶性固形物和糖度，但外观欠佳。在南方梨区，由于梨果成熟时正值高温干旱的 7～8 月份，提前去袋虽能提高果实品质，但易使果面发生日灼而失去商品性，丧失经济价值，另外，此举还会引来山蜂危害梨果。所以在南方和日照强的部分北方地区，对套袋梨仍以采果时取袋为佳，最好将果实运到收购或存放地点结合分级一起去袋。另外，套袋果比不套袋的果将提前 3～10 天成熟，且耐贮性有所下降，若要贮藏则必须适当早采。

（7）绿皮梨果锈的预防　黄金梨、新世纪等绿皮梨品种容易滋生果锈，为了控制和预防果锈的发生，提高其商品性，必须注意预防果锈，主要方法：一是必须套两次袋。谢花 15 天后套第一次袋，选用透气膜袋或白色纸袋为佳，透气膜袋预防果锈的效果相当好，但套袋后果实品质有所下降。二是不要一次性施过多速效氮肥，以减少果实表皮因角质龟裂而形成的锈斑。三是在套袋前一定不能喷乳剂农药和喷波尔多液等。四是加强梨锈病的防治。

6. 秋花的预防措施

（1）秋花开放的原因　一般情况下，梨树都是春季开花，但也有特殊情况，如秋季开花。秋季开花常被称为"二次开花"，是指当年分化的花芽在当年秋季就开花，是一种不正常开花。这种现象常常是由于花芽分化期受天旱或病虫害等影响造成早期落叶，使蒸腾作用大幅降低，加快了花芽分化的过程，从而开了秋花。秋花也常能授精结果，但因温度不够，果实不能正常成熟或果个过小，无商品价值，并严重影响翌年产量，所以要注意预防二次开花。

（2）秋花的预防措施　①加强病虫防治，确保叶片不早落，这是最主要的措施。尤其在 7～8 月份，气温非常适合螨类和黑斑病等病虫蔓延，极易引起落叶，此时要特别加强黑斑病和螨类的防治（持续防治到 10 月上旬），这是预防开秋花的最重要措施，千万不能忽视。②注意秋季抗旱工作。在 7～9 月份用杂草及作物秸秆覆盖树盘保湿，连续干旱时注意浇水抗旱，一般每 3～5 天浇一次水。③加强土壤管理，如进行深翻、增施有机肥、早施秋肥（9 月份施用）、增强树势等，以提高树体抗旱和抗病虫的能力，从而达到保叶防秋花的目的。

（五）整形修剪

梨树栽植后，幼树通过 2～3 年的整形转为结果期。在结果初期要注意培养树形，继续完成整形任务，但整个结果期的修剪重点是调节树体生长与结果的平衡，保持树体健壮，为优质高档梨的生产创造条件。梨发枝力强，成枝力弱，大多以短果枝结果为主，修剪时应重点注意以下事项。

1. 结果枝组的培养与修剪　枝组的数量、合理布局是获得高产稳产的关键。对容易成花的品种，可采用先短截后长放或短截后回缩的方法；对不易成花的品种，可以先长放后回缩，以培养结果枝组。盛果前期和进入盛果期的果树，对其结果枝组应精细修剪，同一枝组内应保留预备枝，轮换更新、交替结果，控制结果部位外移。要充分利用轻剪长放和短剪回缩措施，调节和控制枝组内和枝组间的更新复壮与生长结果，使其既能保持旺盛的结果能力，又具有适当的营养生长量。

2. 辅养枝的修剪　梨树的成枝力弱，整形修剪时，在骨干枝之间的空隙处要适当多留一些辅养枝，以增强树势，并利用其结果。当其影响主枝生长时，应及时回缩，直至疏除。

3. 防止结果部位外移　可对上部和外围的强枝进行疏剪，

减少上部和外围枝数量，疏去直立强枝，留中庸枝并将其缓放，成花挂果，以减弱生长势。对下部和内膛弱枝则多留少疏，并适当短剪，以促发分枝。将弱枝回缩到壮枝、壮芽处，以增强树势。对伸向行间的枝要适当回缩，使行间保持该树形应有的通光度。

4. 其他 盛果期应加重冬剪，对内膛弱枝更新复壮，内膛和下部枝培养丰满后可交替结果，同时也能预防结果部位外移，保持树体稳健结构。夏季修剪作为辅助修剪，主要采用摘心、扭梢、拉枝等技术，以促进花芽分化。

三、主要病虫害防治

近年来，我国随着全球气候变暖，梨园病虫害发生呈逐年加重的趋势，严重影响着梨果产量和品质。如梨黑星病、梨锈果病、梨褐斑病、梨腐烂病、梨木虱、叶螨、食心虫、梨蟒象、蚜虫等。如何提高病虫防治效果，实现梨果优质安全简约高效的目的，成为广大果农最关心的问题。

（一）适时对症下药

不同病虫害的发生都有其发生的规律性，我们要根据病虫发的规律进行预测预报。抓住病虫最佳防治时期对症用药，才能达到好的防治效果。

1. 梨小食心虫 它不但危害梨树，也危害桃、李、杏等果树，尤其是桃、梨、杏混栽或邻近栽种的果园危害程度最重。一年中在梨产区发生3～5代，因此在农业防治、物理防治和生物防治的基础上，关键要抓住越冬代成虫羽化期，也就是在花后到幼果成虫羽化期进行预测预报和喷药。防治梨小食心虫当前生产上使用药物很多，推荐使用以下几种药物：① 48% 毒死蜱 2 500 倍液（杀成虫、幼虫）；② 2.5% 高效氯氟氰菊酯乳油 3 000～4 000 倍液；③ 52.2% 农地乐乳油 2 000 倍液，或 25% 灭幼脲 3 号 1 500 倍液（杀幼虫、卵）。只要各药剂使用适当，并注意交替使用，喷药细致周到，防效均在 90% 以上，虫果率会降低到 3% 以内。为保证果实品质，采前 30 天内严禁用药。

2. 梨木虱　药剂防治重点抓好越冬成虫出蛰期和第一代若虫孵化盛期。药剂可选用 240 克/升螺虫乙酯悬浮剂 4 000 倍液，或 10% 吡虫啉可湿性粉剂 1 500～2 000 倍液，即可基本控制危害。另外，第一代若虫发生比较整齐，此时喷布 35% 吡虫啉悬浮剂（吸灭）5 000 倍液 + 1.8% 阿维菌素 1 500 倍液或 50% 久效磷乳油 3 000 倍液，也可收到很好的防效。

3. 梨蝽象　一年发生一代，其成虫或若虫都可刺吸梨果，使被害部分失水木栓化，石细胞增多，影响梨品质。其成虫 5 月下旬羽化，7 月下旬至 8 月上旬交尾，大多在 8 月中旬产卵，因此应选择 6 月上中旬若虫发生期喷药，可选用 20% 甲氰菊酯乳油 2 000 倍液和 40% 乙酰甲胺磷乳油 1 000 倍液等。

4. 梨黑星病　在春季清园的同时，早春萌芽前喷 5 波美度的石硫合剂。梨树叶部病害防治要抓住花前和花后、5 月底、采果前 45 天这三个关键期用药，可选用 12.5% 甲基硫菌灵可湿性粉剂 1 000 倍液，或 40% 氟硅唑乳油 3 000 倍液，或 1 :（2～3）: 200 的波尔多液等。

5. 梨枝干病　除加强管理提高抗病能力之外，还要重点抓住病害发生初期进行防治。如梨枝干腐烂病，初春发病前彻底刮除病部腐烂皮层，涂 "S-921" 农用抗生素 30 倍液或 25% 多抗霉素 50 倍液，发病初期喷一次 2% 腐殖酸铜水剂 400～500 倍液。刮下的树皮要集中烧毁。

（二）统防统治

鉴于病害的传播和虫害的迁移危害特征，应组织植保服务队或以各村为点进行统一防治，有偿或地方政府补贴农户，按果园面积及发生程度来收费，达到统一地区、时间、对象的良好预防效果。

（三）改进喷药方法

喷药方法正确与否直接影响梨树对药剂的吸收和防效，喷头距果或树叶过近或过远、对叶片正反面喷、喷片大小都影响喷药的质量；连续使用同一种药易导致抗药性，防效不佳。正确方法：喷药机械用孔径为 1.2 毫米的喷片，喷药角度与树冠成 45°角，距叶与果实 50 厘米左右，对着叶背细致喷雾，自上而下，由里到外均匀喷雾，农药轮换使用，才能达到预期效果。

喷药应选择阴天，无风及早晚时间进行，避开大风、中午高温时段，适宜时间为上午 11 时前，下午 4 时后。

第十二章
枣

一、优良采摘品种

(一)早脆王

河北沧县发现的优良单株,经 10 多年观察后命名。果大,平均单果重 25.0 克,最大果重 87 克(比雪枣大)。果面整齐,果皮光洁,鲜红,色泽艳丽夺目。肉厚、核小,可食率 9.67%,酥脆,甜酸多汁,脆嫩爽口,清香味极佳。该品种适宜鲜食,是鲜食枣的新品种,也是供应中秋、国庆的佳品。

(二)灰 枣

产于郑州、新郑。果实长倒卵形,胴部稍细,略歪斜。平均单果重 12.3 克,最大果重 13.3 克。果面较平整。果皮橙红色,白熟期前由绿变灰,白熟期后由灰变白。果肉绿白色,质地致密,较脆,汁液中多,含可溶性固形物 30%,可食率 97.3%,出干率 50% 左右。干枣果肉致密,有弹性,受压后能复原,耐贮运。果核较小,含仁率 4%~5%。该品种适宜鲜食、制干和加工,品质上等。9 月中旬成熟采收,果实生育期 100 天左右。

（三）冬 枣

果实 10 月中旬成熟。树体较小，发枝力强，树势直立性强，针刺退化。果实近圆形，平均单果重 14.25 克，最大果重 38.74 克。果面平整，有光泽，果色浓红，果皮薄。肉质细脆多汁，浓甜微酸，食之无渣，可溶性固形物含量达 38% 以上。定植第二年开始结果，结果稳定，产量较高，极少落果。该品种适宜成园密植栽培，对土壤适应性强，耐盐碱，土壤含盐量小于 0.37%、pH 值 5.5～8.5 均能正常生长结果，并且抗旱，抗涝，不易发生炭疽病、轮纹病。

（四）晋冬枣

由山西省农业科学院园艺研究所选育，2016 年 1 月通过山西省林木品种审定委员审定。9 月下旬枣果进入脆熟期。该品种果个大于冬枣，平均单果重 22.1 克，最大果重 43.9 克。果实为扁圆形，色泽赭红色。枣果大小整齐，果面光滑，有光泽，果点小而稀疏。果皮薄，果肉质地酥脆，硬度稍大于冬枣，汁液多，味甜，适宜鲜食。鲜枣可食率 96.5%，含可溶性固形物 30.9%。该品种发枝力低于冬枣，顶端优势强，成枝力强，树冠中大。

（五）鲁北冬枣

10 月中旬成熟。果实近圆形，平均单果重 16 克，最大果重 38 克。果实皮薄，果肉细脆，汁多而甜，香味浓郁，含可溶性固形物 40%，品质极上，是目前最好鲜食品种之一。3 年生树平均株产可达 8 千克，树高可达 3 米。该品种早果性强，丰产稳产，抗病能力强，落果少。花期环剥坐果率会更高。

二、栽培管理

（一）栽前准备

1. 园地选择　凡是冬季最低气温不低于 -31℃，花期日均温度稳定在 22～24℃ 或以上，花后到秋季的日均温下降到 16℃ 之前果实生育期大于 100～120 天，土壤厚度 30～60 厘米以上，排水良好，pH 值 5.5～8.4，土表以下 5～10 厘米土层单一盐分如氯化钠低于 0.15%、碳酸钠低于 0.3%、硫酸钠低于 0.5% 的地区，都能栽种枣树，而其栽培的主要限制因素是温度条件。

2. 品种选择　根据建园要求及栽培目的确定品种配置。枣树开花期忌干热风，若当地天气干燥，则可适当增加果园湿度以利于坐果。观光采摘园宜选择外观漂亮、品质较好的鲜食品种，还要根据当地气候选择品种，如生长势较旺的品种在南方多雨地区不易坐果，需要采取环割或环剥等技术手段保证坐果。苗木要选择苗木品种纯正、健壮，芽体饱满，根系新鲜完整的健康苗。

3. 挖沟施肥　按照南北行向用挖掘机挖宽 80 厘米、深 80 厘米的定植沟。挖沟时表土放一边，下部的底土放另一边，之后按照每亩 5 000 千克农家肥料的标准，将其与挖出的表土搅拌均匀后回填在沟底，再把挖出的底土回填至上部，最后用大水顺沟漫灌，让肥料和回填土壤夯实即可，等待定植。

（二）定植技术

1. 栽植时期　自落叶到第二年萌芽均可栽植，一般秋栽要早、春栽要晚。枣树落叶至土壤封冻前为秋栽，这段时间内越早栽植越好，苗木成活率也越高，适宜长江流域和南方地区。土壤解冻前为春栽，这段时间内晚栽好于早栽，适宜黄河流域、北方地区栽植。

2. 栽植密度 枣树密植栽培，按照栽植密度可分为：①中密度枣园：株行距2～3米×4～5米，亩栽45～84株；②高密度枣园：株行距1.5～2米×4米，亩栽84～111株，这类枣园也可采用计划性密植，进入盛果期后隔株间移，使株行距变为3米×4米；③超高密度枣园：株行距0.66～1米×1～3米，亩栽222～1011株。

3. 栽后管理 及时清除行内杂草，前期灌水宜勤浇浅灌，保持适宜的土壤湿度和温度，促使根系正常生长发育。新梢15厘米长时选留1个枝势直立、生长健壮的枣头作中心干，其余枣头抹去或摘心，以控制其生长，同时为中心干设立杆柱，使之直立生长，避免风折。枣头高度达到80厘米时进行摘心，促使中心干加粗生长，提高二次枝质量。中心干枣头达20厘米以后，每7天喷1次0.3%尿素＋0.3%磷酸二氢钾的肥液，并结合灌水适当施肥，每次每株各施尿素和磷酸二铵25克，封冻前灌足越冬水。

（三）土肥水管理

1. 土壤管理

（1）**翻耕土壤** 早春和秋末要翻耕枣园、疏松土壤，幼树深翻20～30厘米，大树深翻30～50厘米，自树干向外由浅到深翻。翻耕土壤可增加土壤透气性，提高地温，有利于根系发育，提高根系吸收肥水的能力。

（2）**改良土壤** 枣园种植苜蓿、毛叶苕子等绿肥，并在夏、秋两季割后施在行间，可以改善土壤结构和理化性质。

2. 施　肥

（1）**秋施基肥** 枣树基肥自秋季至翌春均可施用，但以秋季施用最好。基肥的施用方法主要有环状沟施、放射状沟施、条状沟施、叶面追肥等，选择施肥方法时最好综合考虑树龄、栽植密度、土壤类型、肥料多少再定。

（2）**萌芽前追肥**　在翌年4月上旬进行，以氮肥为主，适当配施磷肥。其作用是使枣树萌芽整齐、枝叶生长健壮，有利于花芽分化。

（3）**花期追肥**　在开花前（5月下旬）追肥，配施磷肥，此次追肥的作用是促进开花坐果，提高坐果率。

（4）**助果肥**　果实发育期（6月下旬至7月上旬）追施氮、磷、钾肥，作用是促进幼果生长，防止大量落果，增大果个。最好是氮、磷、钾复合肥，可土施或叶面喷施。

果实生长期（8月上中旬）需肥量最大，追肥以氮、磷、钾肥配合施用，适当提高钾肥施用量。

3. 浇　水

（1）**催芽水**　4月上中旬枣树发芽前，应浇一次透水，以促进根系生长。

（2）**助花水**　5月下旬于初花期灌水，可以增加土壤和空气湿度，有利于花粉萌发。在花期空气干燥时向树冠喷清水，若结合叶面喷肥，则喷施浓度为1毫克/升的硼肥溶液，可增加坐果率。

（3）**保果水**　8月中旬至9月上旬是枣果直径生长量最大的时期，也是需水高峰期。此时灌水可促进果实生长膨大，减少落果。

（4）**封冻水**　在果实采收后至土壤封冻前进行，一般为10～11月份。最好在施用基肥后进行冬灌。

（四）花果管理

（1）**花期放蜂**　枣树为虫媒花，花期放蜂可使坐果率提高20%左右。通常每3300米^{2}果园放一箱蜜蜂即可，放蜂期间果园切忌喷施农药。

（2）**花期喷水**　花期的气候条件直接影响坐果率。枣花粉发芽的适宜温度为24～26℃、空气湿度为70%～80%。若花期高温（≥36℃）干燥，则花期缩短，焦花多，也影响坐果。因此，可在盛花期（5月上中旬）用喷雾器向枣花均匀喷清水，可适当加入0.1%～0.2%的硼酸或硼砂，有利于提高坐果率。

（五）整形修剪

1. 主要树形

（1）小冠疏散分层形　定干高40～60厘米，有主枝6～7个，分两层着生。第一层3个主枝，邻近分布于40～60厘米的距离内；第二层主枝3～4个，分布于领导干上部30～40厘米处，每主枝留5～7个二次枝，形成稳定结果枝组。第一层距第二层40～50厘米，树高控制在2米以内。具体方法：定干40～60厘米，选3个方位好、角度适宜的二次枝，培养第一层主枝。第三、第四年修剪：枣头保留40～50厘米的长度短截，并剪去剪口下1～2个二次枝，使其萌生新枣头，并分别培养成主枝、侧枝和延长枝。

（2）主干形　干高40～60厘米，树高1.5～1.8米，中心干上不留主枝，直接着生结果枝组。两年完成整形。具体方法：从第二年开始，每年当主干枣头长至5～7个二次枝时摘心，并抹除二次枝上的萌芽。

（3）开心形　干高40厘米，树体没有中心干。全树3～4个主枝轮生错落在主干上，树高1.2～1.4米，主枝角度45°～50°，每个主枝上着生2～3个侧枝，第一侧枝距主干40厘米，侧枝与侧枝间距40厘米。2～3年完成整形。可在主枝培养成功后，用疏除中心枝的方法，或者用截枝促萌的方法，令3～4个方位好的发育枝作为主枝。这种中空的树形可使阳光从树顶射入树冠中心，外缘到内膛的光量差小，因而可以布置较多的结果枝组。

2. 修　剪

（1）修剪时期　一般分冬季修剪和夏季修剪。一般在落叶后到翌年枝叶流动前均可进行冬剪，但因枣树休眠时间长，愈合能力差，加之春季风大，所以冬剪不宜进行。春季修剪（3～4月份）为佳，但习惯上仍称其为冬剪；夏季修剪在 6 月下旬至 7 月上旬，枣头生长旺盛阶段过去时进行。

（2）**修剪技术**　主要包括疏枝、回缩、短截、摘心、刻伤等。

三、主要病虫害防治

（一）病　害

1. 枣疯病　枣疯病是枣树的一种毁灭性病害，目前一般无有效的根除治疗方法。根据枣疯病发生及侵染特点，应采取以下几项综合措施进行预防，这是控制其蔓延较为有效的方法。

【防治方法】　枣疯病防治以加强检疫和清除病株最为关键。①加强检疫，严禁带病苗木、接穗等用于生产。提倡用脱毒苗木建园。②选育和采用抗病品种，这是防治枣疯病的根本途径。③加强肥水管理，合理施肥，适时浇水，使树势保持健壮，营养均衡，增强枣树的抗病能力，防止枣疯病的发生。④发现病株及时刨除并烧毁，清理残根、落叶等，将其集中烧毁，减少病源。⑤及时防治叶蝉、蟪象等刺吸式口器昆虫，防止病毒传播。⑥对发病轻的枣树，用四环素族药物治疗，每年施药 2 次。早春树液流动前，在病株主干 50～80 厘米高处，沿干周钻孔 3 排，或环割（深达木质部），滴注四环素族药物溶液后，用塑料布包严，同时修除病枝。也可于夏季在病树干四周，钻 4 个孔，深达木质部，插入曲颈瓶，滴注四环素族药物溶液后用蜡封严钻孔，10 小时后药液即被吸收，病枝渐渐枯焦。

2. 枣缩果病　枣缩果病发生与刺吸式口器昆虫的密度成正相关，空气湿度大尤其是间断性降水或连阴天病害往往会大流行。

【防治方法】　①如果上一年感病指数比较高，首先要清理枣园的落叶、落果，集中处理，以切断传播源。②加强枣园肥水管理，提高树体抗性。若是大龄树，则在枣树萌芽前刮除并烧毁老树皮，全树喷一次石硫合剂。③在6月底首次用72%农用链霉素可湿性粉剂6 500倍液喷施杀灭病原菌，7月底到8月初这段时间每隔10天喷药1次。

3. 枣裂果病　果实将近成熟时，若连日下雨，则果面会裂开一条长缝，果肉稍外露，随后裂果腐烂变酸，不能食用。裂果形状可分为纵裂、横裂、"T"形裂。一般纵裂较多，"T"形裂次之，横裂最少。果实开裂后易引起炭疽等病原菌侵入，并加速果实的腐烂变质。

【防治方法】　①合理修剪，注意通风，提高透光率，减少发病。②从果实膨大期开始喷3 000毫克/升的氯化钙水溶液，以后每隔10天～20天喷1次，直到枣果采收；或从果实膨大期开始喷氨基酸钙800～1 000倍液。

4. 枣锈病　该病只危害叶片。发病初期叶背面散生淡绿色小点，后渐变为暗黄褐色不规则突起，即病菌的夏孢子堆。此病多发生于叶脉两侧、叶片尖端或基部，叶片边缘和侧脉易凝集水滴的部位也可发病，有时夏孢子堆密集在叶脉两侧连成条状。发病后期，叶面与夏孢子堆相对的位置会出现不规则边缘的绿色小点，叶面呈花状，后渐变为灰色并失去光泽。

【防治方法】　①加强栽培管理。枣园不宜密植，应合理修剪使之通风透光；雨季及时排水，防止园内过于潮湿，以增强树势。②清除初侵染源，晚秋和冬季清除落叶，将其集中烧毁。③发病严重的枣园，可在7月上中旬喷洒1次30%碱式硫酸铜胶悬剂400～500倍液，或20%萎锈灵乳油400倍液，或97%敌锈钠可湿性粉剂500倍液，或45%晶体石硫合剂300倍液。必要时还可以选用三唑酮、丙环唑等高效杀菌剂。

（二）虫　害

1. 枣步曲　又名枣尺蠖、弓腰虫。以幼虫危害幼芽、幼叶、花蕾，并吐丝缠绕、阻碍树叶伸展，严重时可将树叶全部吃光，同时还大量危害苹果、梨、桃，以及土豆、辣椒等农作物。枣步曲 3 月中旬开始羽化出土，枣芽萌动时幼虫开始孵化危害枣芽。根据枣步曲的生长史，可采取五道防线防治方法。

【防治方法】 ①绑：在紧贴树干基部距地面 5～10 厘米处绑一条 8～10 厘米宽的塑料布，接口用塑料胶黏合或用小鞋钉钉紧，使雌蛾不能上树。②堆：在塑料袋下堆筑圆锥形土堆，土堆表面要拍实、光滑，上缘要埋住塑料布端口 1.5 厘米，使塑料布更加牢固，无缝可入。③挖：在土堆周围挖宽、深各 10 厘米的小沟，沟壁直而光滑，使爬不上树的雌蛾集中跌落在沟里。以上三道防线要求在惊蛰前完成。成虫出土后再设置第四、第五道防线。④撒：春分成虫出土后，在小沟内和土堆上撒 10% 辛拌磷粉或 2.5% 敌百虫粉或 30% 对硫磷或 30% 甲基硫环磷毒土（药土比例为 1：10），以杀死小沟内和土堆上的雌蛾。⑤涂：少数产在土块石块缝隙下的卵粒，约在枣芽萌动期开始孵化上树危害。幼虫上树前，要在塑料布上缘 1.5 厘米处涂一圈黏杀幼虫的药膏（药膏由黄油 10 份、机油 5 份、50% 的 1605 或其他有触杀剂的有机磷制成），药效可维持 40～50 天。未能及时用五道防线防治枣步曲的枣区，可在枣树发芽展叶、大部分幼虫进入 2 龄时用农药喷洒，毒杀幼虫。常用药剂为 75% 辛硫磷 1 000 倍液，或 50% 马拉硫磷乳油 1 000 倍液。对老龄幼虫，用 25% 溴氰菊酯乳油 15 000～20 000 倍液防治。

2. 枣黏虫 枣黏虫又叫枣镰翅小卷蛾，枣小芽蛾，是以幼虫吐丝缠缀枣芽、叶、花和果实进行危害的一种小型鳞翅目害虫。

【防治方法】 ①冬季或早春彻底刮树皮，用黄泥堵树洞，可消灭 80% 以上越冬蛹，基本可控制一二代幼虫的危害。②利用人工合成的枣黏虫性诱剂，于第二和第三代枣黏虫成虫发生期，每亩挂一个性诱盆，可消灭大量雄蛾，使雌蛾得不到交配，不能繁殖后代，可有效控制其发生量。③枣黏虫第二、第三代落卵盛期，每株枣树释放赤眼蜂 3 000～5 000 头，卵寄生率可达 75%

左右，幼虫发生期树冠喷施青虫菌杀螟杆菌等微生物农药200倍液。④虫口密度特别大的情况下，可在枣树芽长至3厘米和5～8厘米时，向树上各喷1次80%敌敌畏乳油800～1000倍液，或75%辛硫磷乳油2000倍液，或2.5%溴氰菊酯乳油4000倍液，或25%氯氰菊酯乳油1000倍液等，可有效控制危害。⑤8月中下旬在树干或主枝基部进行束草诱杀，冬季或早春取下束草和贴在树皮上的越冬蛹，集中烧毁。

3. 枣桃小食心虫 枣桃小食心虫又名桃蛀果蛾、枣蛆等，为世界性害虫。第一代蛀果期在7月份（青果期），害虫多从果实顶部蛀入，蛀孔处有褐色小点，并稍凹陷；幼虫蛀入果心，在枣核周围蛀食果肉，核周围都是虫粪，虫果外形无明显变化。后期虫枣出现一片红，并稍凹陷皱缩，老幼虫多从此处蛀一个侧孔脱出，有的虫枣皱缩脱落。第二代害虫发生在8～9月份，采收枣果时部分幼虫尚未脱出。蛀入孔一般是小褐点，果形不变。核周围约1～3毫米处果肉被食空，布满虫粪。根据它的生物学特性，在做好虫情测报的前提下，应采取以下防治技术。

【防治方法】 ①春季解冻后至幼虫出土前，在根茎附近挖虫灭杀。②在晚秋幼虫脱果入土做茧越冬后，把距树干约80厘米、深16厘米的表土铲起撒于田间，并把贴于根茎上的虫茧一起铲下，使虫茧暴露于地表，经冬春低温冷冻而死。③在春季对树干周围（半径100厘米内）的地面覆盖地膜，抑制幼虫出土、化蛹、羽化。④5月底前在树干周围（半径5厘米内）堆高约20厘米的土堆，拍打结实，阻止越冬幼虫出土；8月中旬可用同法再培一次土堆。⑤在越冬幼虫出土期进行药剂防治，如20%甲氰菊酯乳油2000～3000倍液地面喷洒，机油+2.5%溴氰菊酯乳油按100∶12的比例与沙子混匀，在平均气温达18℃、土壤含水量9%时进行防治。⑥在桃小食心虫的集中发生地，每60～100米²设一诱捕器，预报成虫发生期，指导地面喷药或树上喷药，同时可诱杀产卵的雌成虫和未交尾或仍可交尾的雄成虫。⑦在成虫羽化产卵和卵孵化期，喷20%杀灭菊酯乳油2000～3000倍液，或25%灭幼脲3号1500倍液，或20%氰戊菊酯乳油4000倍液等；第一代成虫盛发期喷1次，隔10天再喷1次；第二代成虫发生盛期连喷2次，间隔7～10天。

参考文献

［1］薛忠民，张正新．图说果桑栽培关键技术［M］．北京：金盾出版社，2014．

［2］周静．台湾专用果桑主要病虫害综合防治［J］．现代农业科技，2010，（8）：188-190．

［3］李爱玲，孙凯．优质果桑高产栽培技术探讨［J］．绿色科技，2017，（15）：82-83．

［4］王磊．无花果采后生理变化及其影响因素研究［D］．河北农业大学，2012．

［5］姜卫兵．无花果主要品种介绍［J］．山西果树，1990，（4）：27．

［6］欧志国．介绍两个优良无花果品种［J］．农村百事通，2003，（17）：27+49．

［7］李维泉，王玉平，李瑞平，等．无花果繁育及综合管理技术［J］．河北林业科技，2014，（4）：94-96．

［8］于磊．无花果栽培技术研究［J］．中国林副特产，2015，（5）：53-54．

［9］吴时英，孙国英，王依明，等．无花果桑天牛的发生和防治［J］．上海农业科技，1997，（1）：29．

［10］尹灵新．树莓高产栽培管理技术［J］．中国林副特产，2017，（5）：60-62．

［11］郭俊英．介绍4个树莓新品种［J］．果农之友，2017，（1）：5-6．

［12］张清华，王彦辉. 树莓优良新品种育苗与栽培技术［M］. 北京：台海出版社，2003.

［13］张倩茹，尹蓉，王贤萍，等. 树莓的营养价值及其利用［J］. 山西果树，2017，（4）：9-11.

［14］张生晶. 树莓繁育及栽培技术［J］. 农业开发与装备，2017，（9）：170.

［15］邵元高. 树莓无性繁殖技术［J］. 现代农业科技，2016，（19）：85+87.

［16］王中林. 红树莓丰产栽培配套技术［J］. 山西果树，2017，（2）：41-42+58.

［17］李亚东. 小浆果栽培技术. 北京：金盾出版社，2010.

［18］程英魁，张悦. 蓝莓种植管理技术［J］. 吉林蔬菜，2017，（10）：8-9.

［19］王存宪. 蓝莓整形修剪与病虫害防治技术［J］. 现代园艺，2016，（23）：55.

［20］李佳林. 蓝莓主要病虫害及其防治简介［J］. 南方农业，2015，9（15）：22+24.

［21］朱银平，张建中. 蓝莓标准化种植病虫害防治探究［J］. 南方农业，2017，（24）：14-15+17.

［22］王佩斌. 蓝莓常见病虫害防治措施［J］. 吉林蔬菜，2014，（6）：31-32.

［23］任士福，甜樱桃优质高效生产技术［M］. 北京：金盾出版社，2015.

［24］潘凤荣. 甜樱桃栽培技术［J］. 北方果树，2009，（2）：36-40.

［25］谭梅. 甜樱桃优质高效栽培技术研究［D］. 山东农业大学，2008.

［26］赵庆. 樱桃病虫害的无公害防治［J］. 河南农业，2012，（3）：24.

［27］刘崇怀. 中国葡萄品种［M］. 北京：中国农业出版社，2014.

［28］蒯传化，刘崇怀. 当代葡萄［M］. 河南：中原农民出版社，2016.

［29］齐秀娟. 猕猴桃高效栽培与病虫害识别图谱［M］. 北京：中国农业科学技术出版社，2015.

［30］左长清. 中华猕猴桃栽培与加工技术［M］. 北京：中国农业出版社，1996.

［31］朱道圩. 猕猴桃优质丰产关键技术［M］. 北京：中国农业出版社，1999.

［32］秦仲麒. 猕猴桃规范化栽培模式［M］. 武汉：湖北科学技术出版社，1996.

［33］韩礼星. 猕猴桃新优品种及高档果品生产［M］. 北京：中国劳动社会保障出版社，2000.

［34］施绍喜. 草莓促成高产栽培技术［J］. 农技服务，2016，33（2）：197-198.

［35］王秋萍. 日光温室草莓高产优质关键技术［J］. 科学种养，2017，（10）：23-25.

［36］余新燕. 草莓常见病虫害的识别与防治［J］. 上海蔬菜，2017，（5）：61-63.

［37］李敏，刘士烜. 草莓病虫害的发生与防治［J］. 现代农业科技，2015，（6）：129-130.

［38］曹尚银. 优质石榴无公害丰产栽培［M］. 北京：科学技术文献出版社．2005.

［39］吕春丽. 石榴贮藏技术及实施要点［J］. 农业与技术，2017，37（17）：43-44.

［40］于淑娟. 桃树栽培技术［J］. 现代农业科技，2012，（10）：120-121.

［41］崔津卫. 桃树栽培与管理技术浅析［J］. 黑龙江科技

信息，2016，（12）：292.

［42］马之胜．贾云云．桃栽培关键技术与疑难问题解答［M］．北京：金盾出版社，2014.

［43］朱德丰，吕立梅．桃树主干形栽培技术［J］．吉林农业，2015，（23）：111.

［44］郭桂林．桃树常见病虫害及防治技术［J］．吉林农业，2016，（18）：96.

［45］仇平菊，李方华．梨树栽培技术［J］．河北农业科技，2008，（22）：31.

［46］尹怀吉．枣树丰产栽培技术［J］．现代农业科技，2015，（22）：109-111.

［47］岳凤丽，姜桂传．冬枣优质丰产栽培技术要点［J］．天津农业科学，2004，（03）：32-34.

［48］崔永峰．枣树病虫害防治技术［J］．山西林业，2011，（01）：28-29.

［49］王洪．枣病虫害防治技术［J］．河北果树，2009，（05）：54-55.